EUDR

: 산림 파괴 없는 미래를 위한 정책

EUDR

: 산림 파괴 없는 미래를 위한 정책

고승호, 박민규, 남기원 지음

유럽연합 산림 파괴 금지 상품 규정(EUDR) 이해와 대응

생각나눔

목차

EUDR

들어가며

　　2023년 6월 29일, EU는 새로운 환경 관련 규정을 발표했다. EU에서 발표한 규정은 전 세계 관련 산업 분야를 뜨겁게 만들었다. 특히 해당 제품이 산업에 중요한 몫을 차지하는 아프리카, 남아메리카, 동남아시아 국가와 해당 제품을 생산하고 수출하는 기업은 대책 마련에 여념이 없다.

　이 책은 '유럽연합 산림 파괴 금지 상품 규정(이하 EUDR)'을 자세히 살핀다. 첫 번째로 산림 파괴가 기후 변화에 미치는 영향과 산림 보존 정책에 관한 간략한 역사를 알아보고, EUDR이 기후 위기 대응에 어떤 역할을 할지 살펴본다.

　다음으로 EUDR 규정을 자세히 분석한다. 규정이 다루는 용어의 개념, 준수해야 하는 요구 사항, 주체들이 부담하는 의무와 처벌, 필요한 정보와 실사 및 실사 진술서 등을 소개한다.

마지막으로 EUDR이 글로벌 공급망에 미치는 영향을 예측한다. 공급망 내 각종 사업자가 받을 영향과 대응 방안, 공급망 관리 전략을 이야기한다.

여러 환경 관련 규제 중 우리나라에서 EUDR은 상대적으로 덜 알려졌다. 규제 대상 품목이 우리나라 주요 수출품인 반도체, 자동차, 정유, 철강 등과 거리가 멀기 때문이다. 하지만 타이어 산업과 같은 산업 분야는 직접 영향을 받는다.

또한 규제 품목이 늘어나고, 미국이나 다른 시장에서 비슷한 정책을 도입할 가능성도 있기에 규제 현황을 신중히 파악하고 대응해야 한다.

EU에서 추진하는 '탄소 국경조정 제도(CBAM, Carbon Border Adjustment Mechanism)'나 '기업 지속가능성 실사 지침(CS3D,

Corporate sustainability due diligence directives)'과 같은 다른 규제와 어떤 관계인지도 잘 살펴야 한다. 한 가지 규제 정책이 다른 규제 정책과 관련될 수도 있다.

환경 위기는 전 인류가 봉착한 문제다. 유엔을 비롯한 각종 국제기구, 국가, 공공기관, 시민단체, 기업체까지 환경 위기 극복을 위해 나서고 있다. 국제적 법률, 규제, 정책도 날이 멀다고 새롭게 등장한다. 이런 변화에 민감하게 대응하지 못하는 기업과 개인은 기후 변화 때문이 아니라 변화에 대응하지 못해 도태될 위험이 크다.

이 책이 새로운 환경 규제와 변화 대응에 작은 도움이라도 되기를 바란다.

1. EUDR이란 무엇인가?

What is EUDR?

1) 산림의 중요성

산림은 지구 표면 중 31%를 덮고 있다. 면적으로 하면 약 40억 6천만 ha다. 하지만 매년 줄고 있다. 인류는 농사지을 땅을 개간하고, 가축을 방목하기 위한 목초지를 늘이고, 도시와 도로, 댐을 건설하기 위해 산림을 파괴했다.

1990년부터 2020년 사이 산림 약 4억 2천만 ha가 사라졌다. 다행히 최근 산림이 사라지는 속도는 줄어드는 추세다.[01] 2010년부터 2015년 사이 매년 1천2백만 ha 넓이의 산림이 파괴되었지만, 2015년부터 2020년 사이에는 매년 1천만 ha로 파괴 면적이 줄었다.[02] 산림 파괴의 주된 원인은 경제적 활동이다. 2000년부터 2018년까지 주요한 산림 파괴 원인과 비중은 아래와 같다.

표1) 산림 파괴 주요 원인

	농경지 확장 (오일 팜 포함)	방목지	도시화 및 사회간접 자본 개발	댐 건설 및 수로 변경	기타
산림 파괴 비중(%)	50	38	6	2	4

(UN 식량농업기구(FAO) 보고서 'FRA 2020 Remote Sensing Survey[03]'에서 발췌, 일부 수정)

---

01) Food and Agriculture Organization of the United Nations(2022). The state of the Word's Forests.
02) Food and Agriculture Organization of the United Nations(2020). Global Forest Resource Assessment.
03) Food and Agriculture Organization of the United Nations.(2020). FRA 2020 Remote Sensing Survey.

산림은 기후 위기 대응에 결정적 역할을 한다. 산림은 약 6천6백억 톤에 달하는 탄소를 담아 두는 거대한 저장고다. UN 식량농업기구(Food and Agriculture Organization of the United Nations, 이하 FAO)에 따르면 산림 파괴를 중지하고 현재 수준을 유지하면 2020년부터 2050년까지 연간 이산화탄소 배출량을 16~56억 톤 줄일 수 있다. 이는 2030년까지 지구 온난화를 1.5℃ 이하로 유지하는 데 필요한 배출량 감소분의 약 14%에 달한다.

산림은 다양한 생명체가 살아가는 보금자리다. 양서류의 80%, 조류의 75%, 포유류 68%, 관목 식물 60%가 산림에서 자란다. 경제적으로도 중요하다. 열대 국가 산림 인접 지역 주민들은 소득 ¼ 이상을 산림에서 얻는다. 개발도상국에서 산림은 생존과 직접 관련된다. 거의 30억 명의 사람들은 아직도 난방과 요리를 목재에 의존한다.

산림이 파괴되면 다양한 피해가 뒤따른다. 탄소 저장량이 감소하여 기후 변화에 나쁜 영향을 줄 뿐 아니라 토양 침식, 온실효과, 강과 댐의 홍수, 산사태, 지역 황폐화 등이 나타난다. 여러 동·식물종이 멸종 위기를 맞는다. 생태계 전체의 건강과 안정성에 심각한 영향을 미친다. 경제적 피해도 막심하다. 산림 파괴가 계속되면 2050년까지 전 세계 GDP 약 7%가 줄어들 수 있다.

인류에게 꼭 필요한 천연자원은 주로 산림에서 나온다. 천연자원 소비량은 계속 늘고 있다. 2017년 920억 톤에서 2060년에는 1,900억 톤으로 두 배 이상 증가하리라 예상한다.

미래에도 인류가 경제 활동을 이어 나가려면 천연자원을 공급하는 산림을 지키고 관리해야 한다.[04]

---

04) Food and Agriculture Organization of the United Nations(2022). The state of the Word's Forests.

2) 산림 보호 관련 규제와 정책

'산림'을 둘러싸고 근세 유럽에서 벌어진 갈등

유럽인들에게 산림을 둘러싼 갈등은 낯설지 않다. 16세기 이후 유럽에서는 '나무(Wood)'가 갈등을 일으키는 주인공이었다. 나무는 귀중한 자원이다. 유럽에서 전쟁은 끊이지 않았다. 전쟁에는 무기가 필요했다. 무기를 만드는 '철'을 얻기 위해 막대한 양의 나무를 때 철광석을 녹이고 제련했다. 군함도 중요했다. 군함은 그 나라 국력을 상징했다. 큰 목재는 군함을 만드는 주요 재료였다. 이 때문에 산림 관리는 국가의 주요 사업이었다.

서민들에게 나무는 조리, 난방 등 생활에 꼭 필요한 연료였다. 나무가 없이는 살 수 없었다. 하지만 나뭇값은 비쌌다. 서민들은 나무를 사려고 등골이 휘어졌다. 민중은 나무 부족과 비싼 나뭇값에 분노했다. 자유주의자들은 숲을 마음대로 이용하게 해야 한다고 주장했다. 하지만 정부와 숲을 소유한 지주는 나무를 애지중지했다. 숲지기를 두고 아무나 나무를 베지 못하게 했다.

EU의 불법 목재 채취와 거래 규제

EU는 2003년부터 목재 관련 각종 규제와 제도를 시행했다. 2003년 불법 목재 채취와 관련된 무역 문제에 대응하기 위해 「산림법」 집행, 거버넌스 그리고 교역(Forest Law Enforcement, Governance and Trade, FLEGT)'에 관한 실행 계획(Action Plan)을 채택했다.

① 목재 생산 국가들이 합법적인 목재 채취인지 확인하는 시스템을 개발 지원

② 다자간 및 양자 간 협력으로 불법 벌목을 방지

③ EU로 목재를 수출을 위한 라이선스 제도를 구현

④ 합법적 목재 조달에 중점을 둔 공공 조달 정책 및 민간 부문 이니셔티브를 촉진

⑤ 산림 부문에 대한 금융 및 투자 안전장치 강화 등이 주요 내용이다.[05]

2010년에는 'EU 목재 규정(EU Timber Regulation, EUTR)'을 발효했다. 이 규정으로 불법으로 벌채한 목재와 그 목재를 재료로 하는 파생 상품을 EU 시장에서 유통하지 못하게 막았다. EU 시장으로 목재 또는 목재가 원료인 상품을 들여오려는 개인이나 사업자는 목재 수확 국가, 수종, 수량, 공급 업체 정보, 해당 국가 법률 준수에 관한 정보를 확인해야 한다.

---

05) Communication from the Commission to the Council and the European Parliament – Forest Law Enforcement, Governance and Trade (FLEGT) – Proposal for an EU Action Plan. https://eur-lex.europa.eu/legal-content/EN/TXT/?uri=CELEX:52003DC0251

이런 상품을 역내에서 거래하는 상인은 나중에 추적할 수 있도록 공급자와 구매자에 관한 정보를 보관해야 한다. 이 규정을 위반하면 환경 피해에 비례하는 벌금, 제품 압수, 그리고 거래 허가 중단 등 처벌을 받는다.[06]

민간 기업이 추진한 산림 파괴 억제

산림 파괴를 일으키는 가장 중요한 요인은 농업과 축산업이다. 농업이나 축산업에 기반을 둔 상품 소비가 늘어나면 자연스럽게 생산량 증가가 뒤따른다.

농·축산업 상품 생산을 늘리려면 땅이 더 필요하다. 결국 산림을 파괴해 경작지와 방목지를 확보한다. 2006년 유명한 환경단체 '그린피스(Greenpeace)'는 농·축산물 밸류체인과 연결된 산림 파괴 문제를 세상에 드러냈다.

그린피스는 2006년 4월 7일 세계적인 패스트푸드 체인점 '맥도널드(McDonald's)'와 다국적 농산물/식품회사 '카길(Cargill)'을 고발했다.

소비자는 패스트푸드 체인점에서 엄청난 양의 닭고기를 소비한다. 패스트푸트 체인점에 닭고기를 공급하는 업체는 닭을 키울 때 대두

---

06) Regulation (EU) No 995/2010 of the European Parliament and of the Council of 20 October 2010 laying down the obligations of operators who place timber and timber products on the market Text with EEA relevance.
https://eur-lex.europa.eu/legal-content/EN/TXT/?uri=CELEX:32010R0995

로 만든 사료를 사용한다. 카길의 주요 상품 중 하나가 이 사료다. 패스트푸드 체인점에서 닭고기가 많이 팔리면 사료 소비가 늘고, 사료 원료로 사용하는 대두 수요도 증가한다.

대두 수요가 증가하면 브라질 농민은 경작지를 늘리기 위해 열대 우림을 불태워 개간한다. 브라질은 세계 제1 대두 수출국이다. 2003년 8월부터 2004년 8월까지 27,200㎢에 달하는 아마존 삼림이 사라졌다. 이는 벨기에만 한 크기다.[07]

산림 파괴뿐 아니라 대두를 기르고 운송하고, 가공하는 과정에서 각종 불법 건축, 강제로 일을 시키고 임금을 제대로 주지 않는 노예 노동이 판친다고 그린피스는 지적했다.

그린피스가 벌인 운동은 성과를 거두었다. 전 세계적 항의에 직면한 업계는 대응책을 내놓았다.

2006년 카길 등 몇몇 주요 곡물 회사는 새롭게 아마존 연안 삼림을 개간한 지역에서 생산한 대두를 구매하지 않기로 약속했다. 이를 '아마존 대두 모라토리엄(Amazon soybean moratorium, ASM)'이라 한다. 정부나 국제기구가 개입하지 않고 사업자들끼리 맺은 약속이란 점에서 독특했다. ASM은 성공적이었다.

그린피스에 따르면 브라질 대두 생산량이 급격히 늘어났지만, 새롭

---

07) Greenpeace,(2006.4.21), Eating Up the Amazon.
https://www.greenpeace.org/usa/research/eating-up-the-amazon/

게 삼림을 파괴한 지역에서 재배되는 대두는 1%에 지나지 않는다.[08]
다른 연구는 ASM이 2006~2016년 동안 18,000 ± 9,000km²의 삼
림 벌채를 예방했다고 이야기한다.[09]

08) Greenpeace. 10 Years Ago the Amazon Was Being Bulldozed for Soy — Then
   Everything Changed,
   www.greenpeace.org/usa/victories/amazon-rainforest-deforestation-soy-
   moratorium-success/
09) Heilmayr, R. Rausch, L., Munger, J., & Gibbs, H. K. (2020). Brazil's Amazon Soy
   Moratorium reduced deforestation. Nature Food. 1, 801-810.

3) EUDR 개요

> "오늘, 기후 변화와 생물 다양성 손실에 맞서 싸우는 데 핵심적인 요소인 '산림 파괴 없는 공급망(deforestation-free supply chains)'에 관한 선구적인 EU 규정이 발효됩니다. 이 규정은 더 이상 소비를 통해 전 세계 삼림 파괴를 촉진하지 않으려는 유럽 시민들의 의지를 반영한 것입니다. 이 새로운 법이 적용되면 EU 시장에 수출되거나 판매되는 주요 상품은 반드시 산림 파괴와 관계가 없어야 하며, 앞으로도 더 이상 EU뿐 아니라 전 세계 산림 파괴 및 황폐화에 영향을 미치지 않을 것입니다."
>
> – EU 집행위원회 보도자료[10], 2023.6.29.

2023년 6월 9일 EU는 소위 '산림 파괴 없는 상품(Regulation on deforestation-free products)'에 관한 규정을 공포했다.[11] 정식 명칭은 '산림 파괴 및 산림 황폐화와 관련된 특정 상품이나 제품의 유럽연합 시장 출시와 유럽연합으로부터의 수출에 관한 규정 그리고 (EU) 995/2010호 폐지에 관한 사항'이다. 영어 약자로 통칭 'EUDR(European Union Deforestation-free Regulation)'이라 한다.

---

10) https://environment.ec.europa.eu/news/green-deal-new-law-fight-global-deforestation-and-forest-degradation-driven-eu-production-and-2023-06-29_en

11) https://eur-lex.europa.eu/legal-content/EN/TXT/?uri=CELEX%3A32023R1115&qid=1687867231461

한마디로 '삼림 파괴 지역에서 나온 상품은 EU에 팔 수 없다.'라는 규정이다. 대상 품목은 목재/소고기/팜유/콩/커피/코코아/고무와 이를 원료로 만드는 각종 파생 상품(가죽, 초콜릿, 가구, 종이, 목탄, 타이어 등)이다. EUDR을 적용하는 대신 'EU 목재 규정(EUTR, (EU) 995/2010호)'은 폐지한다.

유럽으로 규제 대상 상품을 들여오거나 내가는 개인이나 회사, EU 지역 내에서 상품을 유통하는 사람이나 회사가 EUDR 적용을 받는다. 이들은 2020년 12월 31일 이후 파괴된 산림 지역에서 생산한 상품, 혹은 파생 상품을 EU 시장으로 들여와 유통할 수 없다. EU에서 상품을 유통하려면 그 상품이 산림 파괴와 관련 없다는 사실을 증명해야 한다. 또한 관련 지역 법률과 국제 규약을 제대로 지켰다는 증거도 있어야 한다. 땅을 이용할 권리를 제대로 확보했는지, 국제법 기준으로 인권을 보호했는지, 노동법을 어기지 않았는지, 관련된 다른 이해 당사자가 가지는 권리를 보장했는지, 그 지역에 원주민이 살고 있다면 그들과 미리 협의하고 원주민이 가지는 권리를 보장했는지, 탈세, 부패, 위조 등과 관련이 없는지도 입증해야 한다. 위반 사항을 점검하는 감시 시스템과 문제가 생겼을 때 이를 해결하기 위한 장치도 마련해야 한다.

의무 당사자는 이런 사항을 실사(Due Diligence, DD)로 확인한 후, 문서(실사 진술서, Due Diligence Statement)로 만들어 정보 시스템에 등록해야 한다. 정보 시스템에는 실사 진술서, 정부 기관에서 실사 진술서를 평가한 자료, 나라별 위험도 평가 자료 등이 들어 있다. 수입할 때 상품을 세관에 신고하면 세관에서 신고된 자료와 실사 진술서 등을 비교, 검토한다. 기준에 맞으면 수입을 허가한다. 맞지 않으면 수입할 수 없다. 수출도 마찬가지다. 규정을 위배하면 관련 상품 가치에 비례해 벌금을 물린다. 위반 상품이나 거래 수익을 몰수할 수도 있다. 일정 기간 정부나 공공기관에 조달 자격을 박탈할 수도 있다. 대기업 및 중견기업은 2024년 12월 30일부터, 영세 및 소기업은 2025년 6월 30일부터 EUDR에서 정한 의무를 이행해야 한다.

2. EUDR 대상 품목 살펴보기

Explore EUDR-eligible products

1) 해당 상품과 제품

2) 규제 대상인지 아닌지 확인하는 법

1) 해당 상품과 제품

> 규제 대상은 '소', '코코아', '커피', '오일 팜', '고무', '대두', '목재'와 이를 포함하거나, 가공하거나 원료로 사용해 생산한 제품이다.

EUDR에서 정한 규제 대상은 '소(Cattle)', '코코아(Cocoa)', '커피(Coffee)', '오일 팜(Oil palm)', '고무(Rubber)', '대두(Soya)' 및 '목재(Wood)'다. 이 일곱 가지를 '해당 상품(Relevant Commodity)'라 정의한다.

일곱 가지 해당 상품을 함유하거나, 이를 공급받았거나, 이를 원료로 제작한 것을 '해당 제품(Relevant Product)[12]'이라 한다. 해당 제품 목록은 아래 표3)에 나와 있다.[13] 이 리스트에 오른 제품에 EUDR을 적용한다.

규정은 표에 나열된 제품에만 적용된다. 이 표에 없는 제품은 해당 상품을 포함했더라도 규제 대상이 아니다. 예를 들어 팜 오일이 들어 있는 비누는 규제 대상이 아니다. 해당 상품을 원료로 사용했

---

12) 이 책에서 Relevant Commodity는 '해당, 혹은 관련 상품'으로, Relevant Product는 '해당, 혹은 관련 제품'으로 번역한다.
13) REGULATION (EU) 2023/1115, ANNEX 1, Relevant commodities and relevant products as referred to in Article 1.

지만, 규제 제품 목록에 없기 때문이다. 부품도 마찬가지다. 가죽과 타이어는 규제 대상 제품이다. 하지만 가죽 시트와 타이어를 장착한 자동차는 목록에 없다. 자동차는 규제 대상이 아니다. 목록에 있는 제품이라도 해당 상품을 원료로 쓰거나 부품으로 사용하지 않았으면 규제 대상이 아니다. 제품을 지지, 보호, 운반하는 데 사용하는 포장재는 규제 대상이 아니다. 단 포장재 자체가 단독 상품일 때는 규제 대상이다. 제품에 따르는 설명서, 매뉴얼 등은 규제 대상이 아니다. 폐기물을 재생한 재료는 해당하지 않는다. 다만 제품 일부라도 재활용되지 않은 물질이 포함되면 그 제품은 규제 대상이다. 제품 수량과 가치에 관계없이 같은 규제를 받는다. EU 역내에서 생산한 제품이나 역외에서 생산한 제품이나 차이는 없다.

표 2) 규제 대상과 아닌 제품 기준

규제 대상	규제 대상이 아님
부속서 1에 명시된 제품	부속서 1에 명시되지 않은 제품 (규제 대상 상품이나 제품을 원료나 부품으로 사용했더라도 규제 대상이 아님) 부속서 1에 명시되었지만, 해당 상품이나 제품과 관계가 없는 제품
포장재가 단독 상품일 때	포장재, 설명서
일부 재활용되지 않은 물질이 포함된 제품	100% 재활용 제품

표 3) 해당 상품(Relevant Commodity)과 해당 제품(Relevant Product) 목록

해당 상품	CN코드[14]	해당 제품
소(cattle)	0102 21 0102 29	살아 있는 소
	ex 0201	냉장하거나 신선한 소고기
	ex 0202	냉동 소고기
	ex 0206 10	냉장하거나 신선한 소의 식용 내장
	ex 0206 22	냉동한 소의 식용 간(livers)
	ex 0206 29	냉동한 소의 식용 내장(간과 혀는 제외)
	ex 1602 50	조리하거나 보존된 소의 기타 고기, 내장, 혈액
	ex 4101	소의 생가죽 또는 가죽(신선하거나 염장, 건조, 석회화, 절임 또는 다른 방식으로 보존 처리된 것. 무두질, 양피질 처리 또는 추가 처리되지 않은)으로 털을 제거하거나 쪼개지지 않은 것
	ex 4104	무두질하거나 껍질을 벗긴 소가죽, 털이 없고, 쪼개든 쪼개지 않든 더 이상 가공하지 않은 것
	ex 4107	소의 가죽, 무두질 또는 껍질을 벗긴 후 추가 가공된 가죽, 양피지 처리된 가죽을 포함하며, 털이 없고, 쪼개지거나 쪼개지지 않은 것, 품목번호 4114의 가죽 이외인 것
코코아 (cocoa)	1801	코코아 콩, 통째 또는 깨진 것, 날것 또는 볶은 것
	1802	코코아 껍질과 다른 코코아 부산물(cocoa shells, husks, skins, and other cocoa waste)
	1803	코코아 페이스트, 지방을 제거한 것 또는 제거 안 한 것
	1804	코코아 버터, 지방 및 기름
	1805	설탕이나 기타 감미료가 첨가되지 않은 코코아 분말
	1806	초콜릿 및 코코아가 함유된 기타 식품 조제품

14) EU에서 사용하는 통합상품분류(The Combined Nomenclature)체계. 8자리 숫자로 명명한다. HS코드 6자리에 기반을 두고 상세 분류 2자리를 더했기에 6자리까지는 HS코드와 같다. 숫자 코드 앞에 붙은 'ex'는 해당 코드로 분류할 수 있는 모든 제품 중에서 일부를 추출(extract)했다는 의미다.

커피(coffee)	0901	로스팅 또는 디카페인 여부와 관계없이 커피, 커피 껍질, 커피가 함유된 커피 대용품(비율과 관계없이)
오일 팜 (oil palm)	1207 10	팜 열매(nuts)와 알맹이(kernel)
	1511	팜 오일과 그 유분(fraction), 정제 여부와 관계없이 화학적 처리가 되지 않은 것
	1513 21	정제되지 않은 팜 알맹이와 바바수 오일과 유분, 정제 여부와 관계없이 화학적 처리가 되지 않은 것
	1513 29	팜 알맹이 및 바바수 오일과 그 유분, 정제 여부와 관계없이 화학적으로 변형되지 않은 제품(원유 제외)
	2306 60	팜 열매 또는 알맹이의 지방 또는 오일 추출로 인한 오일 케이크 및 기타 고체 잔류, 분쇄 여부 또는 팰릿 형태와 관계없이
	ex 2905 45	순도 95% 이상의 글리세롤(건조 제품의 무게로 계산)
	2915 70	팔미트산, 스테아르산, 그 염(salt) 및 에스테르
	2915 90	포화 비환식 단 카르복실산, 그 무수물, 할로겐화물, 과산화물 및 과산화산, 할로겐화, 황화, 질화 또는 질소화 유도체(포름산, 아세트산, 모노, 디 또는 트리클로로아세트산, 프로피온산, 부탄산, 펜탄산, 팔미트산, 스테아르산, 그 염 및 에스테르 및 아세트 무수화물은 제외)
	3823 11	스테아르산, 산업용
	3823 12	올레산, 산업용
	3823 19	산업용 모노카복실 지방산, 정제 과정에서 생성되는 산성 오일(스테아르산, 올레산 및 톨유 지방산 제외)
	3823 70	산업용 지방 알코올
고무 (rubber)	4001	천연고무, 발라타, 구타-퍼차, 과율, 치클 및 이와 유사한 천연 검(gum), 기본 형태 또는 판, 시트 또는 스트립 형태
	ex 4005	가황 처리되지 않은 기본 형태 또는 플레이트, 시트 또는 스트립 형태의 컴파운드 고무 (compounded rubber)
	ex 4006	기타 형태(예: 막대, 튜브 및 프로파일 모양)의 가황되지 않은 고무 및 제품(예: 디스크 및 링)

고무 (rubber)	ex 4007	가황 처리된 고무 실과 코드
	ex 4008	경질 고무를 제외한 가황 고무의 플레이트, 시트, 스트립, 막대 및 프로파일 모양
	ex 4010	가황 고무 소재의 컨베이어 또는 트랜스미션 벨트 또는 벨트
	ex 4011	고무 소재의 신규 공기압 타이어
	ex 4012	고무 소재의 재생 또는 중고 공기압 타이어, 고무 소재의 솔리드 또는 쿠션 타이어, 타이어 트레드 및 타이어 플랩
	ex 4013	고무 소재의 내부 튜브
	ex 4015	모든 용도의 의류와 의류 액세서리(장갑 포함), 경질 고무가 아닌 가황 고무로 만든 제품
	ex 4016	40 이하에 명시되지 않은 경질 고무 이외의 가황 고무의 기타 물품
	ex 4017	폐기물 및 스크랩을 포함한 모든 형태의 경질 고무(예: 에보나이트), 경질 고무 제품
대두 (soya)	1201	대두, 분쇄 여부와 관계없이
	1208 10	대두 가루(flour와 meal)
	1507	대두유 및 그 추출물(정제 여부와 관계없이 화학적으로 변형되지 않은 것)
	2304	대두유 추출 시 발생하는 분쇄 또는 펠릿 형태의 오일 케이크 및 기타 고체 잔류물
목재 (Wood)	4401	통나무, 빌릿, 나뭇가지, 잔가지 또는 이와 유사한 형태의 연료 목재, 칩 또는 입자 형태의 목재, 톱밥 및 목제 폐기물 및 스크랩(통나무, 연탄, 펠릿 또는 이와 유사한 형태로 응결 여부와 관계없이)
	4402	목탄, 쉘(shell)이나 너트(nut) 탄을 포함, 응결 여부와 관계없이
	4403	나무껍질이나 변제(sapwood)가 벗겨지거나 거칠게 깎인 원목, 거친 목재

	4404	후프우드, 갈라진 기둥, 뾰족하지만 세로로 자르지 않은 것, 피켓이나 말뚝, 지팡이, 우산, 도구 손잡이 등의 제조에 적합하도록 대략 다듬어졌지만 돌리거나 구부리거나 기타 작업을 하지 않은 나무 막대기, 칩 우드 등
	4405	목재 섬유(wool), 목재 가루(flour)
	4406	목재로 된 철도 또는 전차 침목(크로스 타이)
	4407	대패질, 사포질 또는 마감 접합 여부와 관계없이 두께가 6mm를 초과하는 세로로 자르거나, 얇게 썰거나, 벗겨낸 목재
	4408	합판 또는 기타 유사한 합판 및 기타 목재의 베니어용 시트(적층 목재를 슬라이스하여 얻은 것 포함), 합판 또는 기타 유사한 적층 목재 및 기타 목재의 경우, 대패, 샌딩, 접합 또는 끝 이음 여부와 관계없이 세로로 톱질하거나 슬라이스 또는 벗겨낸 두께 6mm 이하의 시트
목재 (Wood)	4409	목재[미조립한 쪽마루판용 스트립(strip)과 프리즈(frieze)를 포함한다.]로서 어느 한쪽의 가장자리·마구리·면을 따라 연속적으로 성형한 것[블록가공·홈가공·은촉이음가공·경사이음가공·브이형이음가공·구술형가공·주형가공·원형가공이나 이와 유사한 가공을 한 것으로서 대패질·연마·엔드—조인트한(end—jointed) 것인지와 상관없다.]
	4410	파티클보드(particle board), 배향성이 있는 스트랜드 보드(OSB)와 이와 유사한 보드[예: 웨이퍼보드(wafer board)], 목재나 그 밖의 목질 재료로 만든 것으로 한정하며, 수지나 그 밖의 유기 결합제로 응결시킨 것인지에 상관없다.
	4411	섬유판(목재나 그 밖의 목질 재료로 만든 것으로 한정하며, 수지나 그 밖의 유기물질로 접착한 것인지와 상관없다.)
	4412	합판·베니어패널과 이와 유사한 적층 목재
	4413	고밀도 목재, 블록, 판재, 스트립 또는 프로파일 형태
	4414	그림, 사진, 거울 또는 이와 유사한 물건용 나무 액자

	4415	나무로 만든 케이스, 상자, 크레이트(crate), 드럼과 이와 유사한 포장 용기, 나무로 만든 케이블 드럼, 나무로 만든 팰릿(pallet), 박스팰릿(box pallet), 그 밖의 깔판류, 나무로 만든 팰릿칼러(pallet collar), (시중에 판매되는 다른 제품을 지지, 보호 또는 운반하기 위한 포장재로만 사용되는 포장재는 포함되지 않음)
	4416	나무로 만든 통(casks, barrel, vats, tubs), 및 기타 통 제조업자가 만든 제품과 그 일부, 지팡이(staff) 포함
	4417	나무로 된 도구, 도구 본체, 도구 손잡이, 빗자루 또는 붓 몸통 및 손잡이, 장화 또는 신발 밑창과 슈트리(shoe tree)
	4418	나무로 만든 건축용 건구와 목공품, 셀룰러우드 패널(cellular wood panel), 조립된 마루판용 패널, 지붕을 이는 판자를 포함한다.
목재 (Wood)	4419	나무로 만든 식기와 주방용품
	4420	목재 상감 또는 상감 목재, 목재, 목재로 된 보석류 또는 식기류의 보관함 및 케이스, 이와 유사한 물품, 목재로 된 조각상 및 기타 장식품, 94장에 해당하지 않는 가구의 목재 제품
	4421	그 밖의 목제품 「통합 명명법」 47장 및 48장의 펄프 및 종이(대나무 기반 및 회수(폐기물 및 스크랩) 제품 제외)
	ex 49	인쇄된 책, 신문, 사진 및 기타 인쇄 산업의 제품, 원고, 조판 및 도면, 종이로 된 제품
	ex 9401	침대로 전환 가능한지와 상관없이 목재로 된 좌석(9402 항목의 좌석 제외) 및 그 일부
	9403 30, 9403 40, 9403 50, 9403 60, 9403 91	목제 가구와 그 부분품
	9406 10	조립식 목조 건물

2) 규제 대상인지 아닌지 확인하는 법

우선 원하는 제품 CN코드, 혹은 HS코드를 확인한다. 이어 부속서 1에 실린 목록(표3)을 찾아 해당 제품이 있는지 알아본다. 이 목록에 없으면 규제 대상 제품이 아니다. 목록에 있으면 해당 상품이나 제품을 원료나 부품으로 사용했는지 확인한다. 해당 상품이나 제품과 관계없으면 규제 대상이 아니다.

다음으로 100% 재활용 제품인지 확인한다. 100% 재활용 제품은 규제 대상이 아니다. 혹시라도 포장재나 설명서 등 부속품인지 확인한다. 단독 상품이 아닌 포장재나 설명서 등은 규제 대상이 아니다(그림 1 참고).

예를 들어 자동차 타이어 CN코드(HS코드도 동일)는 4011이다. 표 3에 '4011, 고무 소재의 신규 공기압 타이어'로 올라가 있다. 타이어는 '4001 천연고무'를 원료로 제작했고, 이는 재활용 재료가 아니다. 물론 포장재나 설명서에 해당하지 않는다. 따라서 타이어는 규제 대상이다. 타이어를 EU 역내로 수입하거나, EU 역내로부터 수출하거나, EU 역내에서 거래하려면 2024년 12월 30일 이후부터 EUDR이 요구하는 의무 사항을 지켜야 한다.

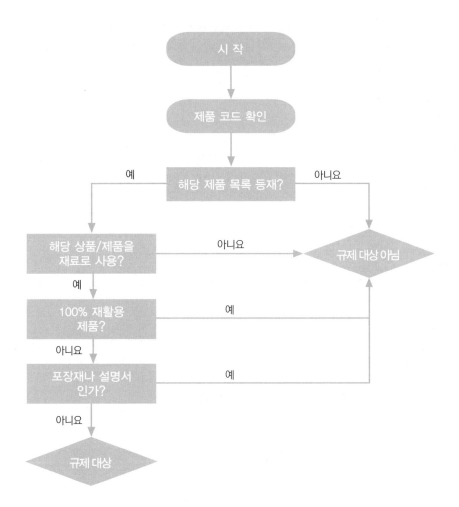

그림 1. 규제 대상 제품 확인 과정

3. EUDR 주요 내용

EUDR highlights

1) 오퍼레이터와 트레이더: 의무를 지는 주체

(1) 오퍼레이터

> 오퍼레이터는 해당 제품을 EU 시장에 출시하거나 수출하는 자연인 또는 법인이다.

EUDR이 요구하는 의무를 지는 주체는 '오퍼레이터(operator)'와 '트레이더(trader)'[15]이다. EUDR 제2조에는 각종 용어 정의가 담겨 있다. 이 조항에 따르면 "오퍼레이터는 상업 활동 과정 중에서 해당 제품을 출시하거나 수출하는 자연인 또는 법인('operator' means any natural or legal person who, in the course of a commercial activity, places relevant products on the market or exports them)"[16]이다.

하나씩 떼어 살펴보자.

'상업 활동 과정 중에(in the course of a commercial activity)'는 같은 조 19항에서 정의한다. '상업 활동 과정'이란 가공을 목적으로 하

---

15) 이 책에서는 규정 내 정의한 개념과 일반 단어 개념 혼동을 막기 위해 '오퍼레이터', '트레이더'라고 영어 발음을 그대로 우리말로 옮겨 쓴다.
16) REGULATION (EU) 2023/1115, Article 2, (15)

거나, 상업적 또는 비상업적 소비자에게 배포하거나, 오퍼레이터 또는 트레이더가 자기 비즈니스에 사용하기 위한 활동이다.

'해당 제품'은 이전 장에서 설명한 제품이다.

'출시(places on the market)'는 같은 조 16항에 나온다. '해당 상품, 또는 제품을 EU 시장에 최초로 제공하는 것을 의미'한다.

'수출(export)'은 같은 조 37항에 "규정 (EU) 제952/2013호[17] 269조에 명시된 절차를 의미한다."로 정의되어 있다. 세관을 떠나는 순간부터 수출 절차에 접어든다.

'자연인과 법인(natural or legal person)' 행위능력을 가진 개인이 '자연인'이다. 자연인이 아니면서 법률로 권리능력이 인정된 단체가 '법인'이다.

즉 EU 시장에 7개 해당 상품과 이를 원료나 재료로 삼은 해당 제품을 출시하는 사람, 혹은 EU 내에서 생산하거나 가공한 해당 제품을 EU 밖으로 수출하는 사람 모두가 오퍼레이터로 규정을 따를 의무를 진다. 선물용, 판촉용으로 돈을 받지 않고 배포하거나 수출해도 마찬가지다. 오프라인과 온라인 거래 모두 다 해당한다.

---

17) REGULATION (EU) No 952/2013, Article 269.

> 오퍼레이터는 EU 내에 거주하는 자연인이나 사업장을 둔 법인이다.

오퍼레이터는 규정 위반 시 법적 제재를 받는다. 따라서 오퍼레이터는 반드시 EU가 구속력을 발휘할 수 있는 대상이어야 한다.[18] EU에 속하지 않은 다른 국가의 개인이나 회사가 해당 제품을 출시하였을 때는 그 제품을 EU '시장에 제공한(make available on the market)' EU에 속한 자연인이나 법인이 오퍼레이터이다.[19] 이때 'EU에 속한(established in the Union)' 자연인은 '거주지가 EU 내인 모든 사람', 법인은 '등록된 본사 혹은 상설 사업장이 EU 내에' 있는 단체이다.[20]

> EU에 한 번 들어온 해당 제품을 가공해 출시하는 사람 역시 오퍼레이터이다.

해당 제품을 어떤 회사 A가 수입했다. 회사 B는 이 제품을 원료로 다른 제품을 만들었다. 이 경우 회사 A와 B는 모두 오퍼레이터이다. 예를 들어 EU 소재 회사 A가 카카오버터(CN코드 1804)를 수입했다. 역시 EU 소재 회사 B는 이 카카오버터를 원료로 초콜릿(CN코드 1806)을 생산해 출시했다. 회사 A는 물론 회사 B 역시 EUDR에서 정의하는 오퍼레이터이다.

---

18) REGULATION (EU) 2023/1115, 전문 (30)
19) 위의 글, Article 7.
20) 위의 글, Article 2, (21)

상업 활동 과정 중에서 해당 제품을 EU 시장에 공급하고 유통하는 자연인 또는 법인

오퍼레이터와 함께 규정 준수 의무를 지는 주체는 '트레이더'이다. 트레이더는 해당 상품이나 제품을 EU 역내 시장에서 유통하는 사람이다. 규정은 트레이더를 "상업 활동 과정에서 해당 제품을 시장에 제공하는 오퍼레이터 이외의 공급망 내 모든 사람(Any person in the supply chain other than the operator who, in the course of a commercial activity, makes relevant products available on the market)"[21]이라고 정의한다.

트레이더는 해장 제품을 '시장에 제공(available on the market)'하는 사람이다. '시장에 제공'이란 '상업 활동 과정에서 유상 또는 무상으로 EU 시장에서 유통, 소비 또는 사용하기 위해 관련 제품을 공급하는 것'이다. 즉 오퍼레이터는 해당 제품을 처음으로 출시하거나 수출하는 사람, 트레이더는 이 해당 제품을 EU 시장에 공급하고 유통하는 도매상/소매상 등이다. 마찬가지로 트레이더도 EU에 속한 자연인이나 법인이다.

---

21) 위의 글, Article 2, (17)

2) 기본 조건

산림 파괴와 연관되었거나 법률 위반 상품이나 제품은 EU 시장에서 출시/수출/유통 금지

다음 세 가지 조건을 충족하지 못하는 해당 상품이나 제품은 EU 시장으로 들어오거나, EU 시장에서 유통되거나, EU로부터 수출하지 못한다.[22]

세 가지 조건[23]은 해당 상품이나 제품이

① 산림 파괴와 무관해야 한다(They are deforestation-free).
② 생산국의 관련 법률에 따라 생산되어야 한다(they have been produced in accordance with the relevant legislation of the country of production).
③ 실사 진술서에 의해 확인되어야 한다(they are covered by a due diligence statement).

---

22) REGULATION (EU) 2023/1115, 전문 (30)
23) 위의 글, Article 3.

마찬가지로 하나씩 살펴보자.

'산림(forest)'이란 0.5헥타르 이상 면적에 높이 5m 이상인 나무가 있고 임관피복도(canopy cover)[24]가 10% 이상인 토지, 또는 옮겨심거나 하지 않아도(in situ) 장래 나무가 자라 이 기준에 도달할 지역으로 농업이나 도시에서 주로 이용하는 토지는 제외한다.[25]

'산림 파괴(deforestation)'는 인위적이든 아니든 산림을 농업용으로 전환하는 일이다.[26]

'산림 파괴와 관련 없는(deforestation-free)'은 해당 상품이 2020년 12월 31일 이후 산림 파괴 지역에서 생산되지 않았음을 의미한다. 해당 제품 역시 2020년 12월 31일 이후 산림 파괴 지역에서 생산된 원료를 함유하거나, 가공하거나, 재료로 사용하지 않아야 한다. 목재는 좀 다르다. 목재나 목재 관련 제품은 벌목 과정에서 2020년 12월 31일 이후 '산림 황폐화(forest degradation)'를 유도하지 않았어야 한다.[27] 천연림이 '플랜테이션 산림(plantation forest)[28]', '조림지

---

24) 하늘에서 내려다볼 때 가지와 잎으로 이루어진 나무줄기 윗부분이 덮고 있는 면적의 비율
25) REGULATION (EU) 2023/1115, Article 2, (4). 이 정의는 Food and Agriculture Organization of the United Nations.(2020). Global Forest Resources Assessment 2020: Terms and Definitions에서 정의한 내용이다.
26) REGULATION (EU) 2023/1115, Article 2, (3)
27) REGULATION (EU) 2023/1115, Article 2, (13)
28) 단일 수종, 연령대 수목으로 이루어진 인공림, 벌목 목적으로 관리하는 산림

(planted forest)[29]', '기타 수풀 지역(other wooded land)[30]'으로 바뀌는 상황이 산림 황폐화다.

산림 파괴 혹은 산림 황폐화 기준은 2020년 12월 31일 이후이다.

'생산국의 관련 법률(relevant legislation of the country of production)'이란 생산 국가에서 적용되는 법률을 의미한다.

규정은 아래와 같이 열거한다.[31]

① 토지 사용권

② 환경 보호 관련

③ 벌채와 직접 관련된 산림 관리 및 생물 다양성 보존을 위한 산림 관리 규정

④ 제삼자 권리

⑤ 노동권

⑥ 국제법에 따라 보호되는 인권

⑦ 'UN 원주민 권리에 관한 선언'에 들어 있는 명시적이고, 자유롭게, 미리 충분한 정보를 제공하고 동의를 받아야 한다는 원칙

⑧ 세금, 부패 방지, 무역 및 세관 규정 등

---

29) 나무를 심거나 씨를 뿌려 조성한 산림
30) 나무가 있지만, 산림 기준에 미달하는 지역
31) REGULATION (EU) 2023/1115, Article 2, (40)

법률이나 규정은 국가마다 다르기에 특정 법률을 명시하지는 않는다. EU 집행위원회는 '적법성'에 관한 구체적인 가이드라인을 발표할 예정이다.

> 상품이나 제품 생산 과정에서 생산국의 각종 법률을 반드시 준수해야 한다.

해당 상품과 제품에 관한 정보와 추가적인 대응 사항을 종합해 실사 진술서를 작성하고 제출해야 한다. 실사(Due Diligence)[32]와 실사 진술서[33] 작성 및 제출에 관한 사항은 후에 자세히 살펴본다.

---

32) 계약이나 거래 전 혹시 중요한 사실을 미리 조사하는 과정
33) 실사 결과를 정리한 문서

3) 오퍼레이터와 트레이더의 의무

(1) 오퍼레이터의 의무[34]

오퍼레이터는 해당 제품에 관한 '실사'를 수행하고 이 결과를 EU에 제출해야 한다.

오퍼레이터는 모든 해당 제품을 출시하거나 수출할 때마다 '실사'를 수행해야 한다. 실사 결과를 문서로 만들어 제출한다.

이 문서(실사 진술서)는 해당 제품이 EUDR에서 요구하는 조건을 충족한다는 사실을 입증하는 근거다. 실사 진술서에는 해당 상품과 관련된 모든 정보와 오퍼레이터가 실사를 수행했으며, 규정을 위반할 위험이 없거나 있더라도 무시할 만하다는 '선언'이 들어가야 한다. 만일 해당 제품이 규정을 위반하거나 실사 결과 위험 요인이 크다면 EU 시장에 출시할 수 없다.

---

34) REGULATION (EU) 2023/1115, Article 4

오퍼레이터는 규정 준수를 책임져야 하며, 제출한 실사 진술서를 5년간 보존해야 한다.

오퍼레이터는 실사 진술서를 제출한 때부터 규정 준수에 책임을 진다. 또한 실사 진술서를 제출한 날로부터 5년간 보관해야 한다.

오퍼레이터는 필요 정보를 공유해야 한다.

오퍼레이터는 정보를 공유해야 한다. 해당 제품과 관련된 실사 진술서 번호 등 실사 수행 관련 사항을 공급망 아래 다른 오퍼레이터나 트레이더에게 제공해야 한다.

만일 해당 제품이 규정을 위반할 소지가 보이거나 관련된 새로운 정보를 입수하면 즉시 관할 당국이나 해당 제품을 거래하는 오퍼레이터/트레이더에게 알려주어야 한다. 또한 관할 당국에서 지원을 요청하면 협조해야 한다.

(2) 트레이더의 의무[35]

트레이더도 오퍼레이터와 같은 의무와 책임을 진다.

EUDR은 트레이더를 기본적으로 오퍼레이터와 같게 취급한다. 별도로 지정하지 않는 한 트레이더는 유통하는 해당 제품에 대해 오퍼레이터와 같은 의무와 책임을 진다.

(3) 공급망 내 여러 오퍼레이터와 트레이더가 연결된 경우

상품이나 제품이 생산되고, 수입되고, 유통되어 최종 소비자에게까지 도달하기까지는 다양한 오퍼레이터와 트레이더가 개입한다.

오퍼레이터는 다른 오퍼레이터가 수입한 상품이나 제품을 가공하거나 원료나 부품으로 활용해 제품을 만들기도 한다. 트레이더도 여러가지다. 대형 슈퍼마켓이나 체인점처럼 대량으로 제품을 구매하고 소비자에게 판매하는 트레이더에서부터, 작은 잡화점까지 규모와 성격이 다르다.

---

35) REGULATION (EU) 2023/1115, Article 5

실사 진술서가 이미 제출된 해당 제품을 그대로 유통할 때는 이전 실사 진술서를 참조해 실사할 수 있다. 하지만 '이전 실사'가 제대로 행해졌는지 반드시 확인해야 한다.

오퍼레이터와 트레이더가 결합한 몇 가지 가상 시나리오를 살펴보자. 아래 그림 2-1은 오퍼레이터와 트레이더가 각각 하나씩인 단순한 연결이다.

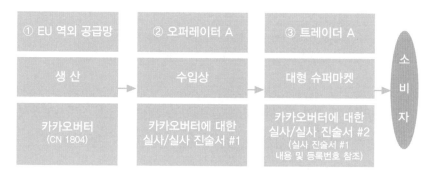

그림 2-1. 오퍼레이터와 트레이더 단순 연결

EU에서 사업하는 수입상(오퍼레이터 A)은 EU 역외에서 '카카오버터'를 수입했다. 카카오버터는 규제 대상인 해당 제품(CN1804)이다.

오퍼레이터 A는 실사를 시행하고 실사 진술서(#1)를 EU 당국에 제출했다.

대형 슈퍼마켓 체인(트레이더 A)은 카카오버터를 수입상으로부터 구매해 소비자에게 판매한다. 트레이더 A도 실사하고 실사 진술서(#2)를 작성해 제출해야 한다. 단 이 실사에서 이전에 시행한 실사 진술서(#1) 내용을 참조할 수 있다.

여기에 반드시 참조한 이전 실사 진술서(#1) 등록 번호를 넣어야 한다. 내용을 참조하더라도 실사가 행해졌는지는 반드시 확인해야 한다. 만일 규정 위반 사항이 드러나면 오퍼레이터 A는 물론 트레이더 A도 법적 책임을 피할 수 없다.

> 실사 진술서가 제출된 해당 제품을 원료/부품으로 다른 해당 제품을 생산하는 오퍼레이터는 이미 등록된 실사 진술서를 바탕으로 실사를 시행할 수 있다.

앞서 'EU에 한 번 들어온 해당 제품을 가공해 출시하는 사람도 오퍼레이터이다.'라고 정의했다. 이 오퍼레이터 역시 새롭게 만든 해당 제품에 대해 실사하고, 실사 진술서를 제출해야 한다.

실사할 때 이전에 제출된 실사 진술서를 바탕으로 할 수 있다. 역시 이전 실사가 제대로 이루어졌는지를 확인해야 하며, 문제가 발생하면 법적 책임을 진다.

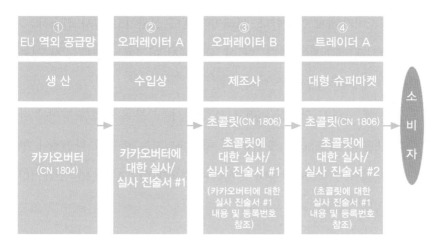

그림 2-2. 오퍼레이터가 둘인 경우

위 그림에서 오퍼레이터 A는 카카오버터를 수입하고, 실사 후 실사 진술서(#1)를 제출했다. 오퍼레이터 B는 오퍼레이터 A가 수입한 카카오버터를 원료로 새로운 해당 제품인 초콜릿을 만들어 출시했다. 이때 오퍼레이터 B는 실사를 마치고 초콜릿에 대한 실사 진술서(#1)를 제출해야 한다.

실사 시행에 오퍼레이터 A가 이전에 제출한 카카오버터에 대한 실사 진술서(#1)를 활용할 수 있다.

트레이더 A는 오퍼레이터 B가 제출한 초콜릿에 대한 실사 진술서(#1)를 바탕으로 실사를 시행하고, 초콜릿에 대한 실사 진술서(#2)를 제출해야 한다.

실사 진술서가 제출되지 않은 해당 제품이 원료/부품으로 사용되면 이에 대해서는 새롭게 실사를 시행해야 한다.

초콜릿 제조사인 오퍼레이터 B는 카카오버터와 커피를 원료로 커피가 들어간 초콜릿을 만들었다.

카카오버터는 수입상인 오퍼레이터 A가 공급했지만, 커피는 직접 들여왔다. 커피도 EUDR 해당 제품(CN0901)이다. 초콜릿에 대한 실사와 실사 진술서 작성 과정에서 카카오버터에 관한 내용은 이전 사례처럼 오퍼레이터 A가 제출한 실사 진술서를 참고할 수 있다.

커피는 한 번도 실사 진술서가 제출된 적이 없으므로 오퍼레이터 B는 커피에 대한 실사를 따로 시행하고, 실사 진술서에 이 내용을 넣어야 한다.[36]

(4) 중소기업일 때 달라지는 의무

규정 준수 의무는 오퍼레이터와 트레이더 규모에 따라 다르다. EU는 기업을 중소기업(micro, small and medium-sized enterprise, SMEs)[37]과 비중소기업(non-SMEs)으로 나눈다. SMEs에는 마이크

---

36) REGULATION (EU) 2023/1115, Article 4, 9.
37) Directive 2013/34/EU, Article 3

로 기업, 소기업, 중규모 기업 등 세 종류가 있다. 아래는 각각 기업을 구분하는 기준이다. 한 항목이 기준을 초과하더라도 중소기업으로 인정한다.

표4) EU 중소기업 기준

항 목	Micro 기업	Small 기업	Medium 기업
대차대조표 총계[38]	350,000유로	4,000,000유로	20,000,000유로
순 매출액[39]	700,000유로	8,000,000유로	40,000,000유로
회계연도 평균 종업원 수	10명	50명	250명

중소기업과 비중소기업은 해야 하는 일이 약간 다르다. 특히 실사 및 실사 진술서 작성에 관해 차이가 난다. 중소기업과 비중소기업이 실사 관련 의무 사항에서 어떤 차이가 있는지가 아래 표에 있다. 이외에 다른 의무나 조건 차이는 관련 내용을 다룰 때마다 소개한다.

표5) 실사 관련 중소기업과 비중소기업 차이

항 목	중소기업 오퍼레이터/트레이더	비중소기업 오퍼레이터/트레이더
실 사	이미 실사를 거친 해당 제품에 대해서는 이전에 제출된 실사 진술서 번호를 제공하고 실사를 시행하지 않아도 된다(제4조 8항).	해당 제품에 대한 이전 실사 진술서를 참조할 수 있지만, 이 실사가 규정에 따라 이루어졌는지 확인해야 함. 독자적인 실사를 시행하고 실사 진술서에 이전 실사 진술서 번호를 기록해야 함(제4조 9항).

---

38) balance-sheet total, 대차대조표상 자산 총액
39) net turnover, 매출액에서 반품, 할인, 부가가치세를 제외한 금액

중소기업 트레이더는 대부분 작은 소매상이다. 의무가 가장 가볍다. 실사를 거친 해당 제품에 대해서는 실사를 다시 시행하지 않아도 된다. 유통하기 전에 아래 열거하는 정보를 수집하고, 5년간 보관하면 된다.

① 자기가 해당 제품을 산(공급받은) 오퍼레이터 혹은 트레이더 이름, 등록된 상호나 상표, 우편 주소, 전자우편 주소, 웹 사이트 주소(가능한 경우), 등록된 실사 진술서 번호

② 자기가 해당 제품을 판(공급한) 오퍼레이터, 혹은 트레이더 이름, 등록된 상호나 상표, 우편 주소, 전자우편 주소, 웹 사이트 주소(가능한 경우)

문제 소지가 있으면 즉각 관할 당국이나 거래처에 알리고, 할 당국에서 지원을 요청하면 협조해야 하는 의무는 모두가 같다.

4) 실사 및 실사 진술서

실사 시행과 실사 진술서 작성은 EUDR에서 가장 중요하다. '실사'를 크게 세 부분으로 나눌 수 있다.
① 정보와 자료 수집
② 위험 평가 방안
③ 위험 완화 대책

(1) 정보와 자료 수집

1.1 필요 정보 목록

해당 제품이 산림 파괴와 관계없고, 생산국 법률을 준수한다는 사실을 입증하는 데 필요한 정보는 아래 표와 같다.

표6) 실사로 수집해야 하는 정보[40]

항 목	필요 사항
제품 설명	– 제품명(상호) – 해당 제품 종류, 사용된 해당 상품/제품 목록 – 목재 포함 제품은 나무의 통상 명칭과 학명(Scientific Name) 전체

---

40) REGULATION (EU) 2023/1115, Article 9

제품량	– 순 중량을 kg 단위로 표시[41] – 필요한 경우 부피, 개수로 표현
생산국	– 생산국 이름
생산지/생산일	– 해당 제품에 포함/가공/부품/원료로 사용된 모든 해당 상품이나 제품이 생산된 토지 구획(plots of land)의 지리 위치(geolocation) – 고기나 가죽 등 가축 관련 제품은 가축이 사육된 모든 위치 – 해당 상품이나 제품 생산일 또는 범위
공급자 정보	– 해당 제품을 공급한 업체, 또는 개인의 이름, 우편 주소, 이메일 주소
구매자 정보	– 해당 제품을 공급받는 오퍼레이터와 트레이더의 이름, 우편 주소, 이메일 주소
산림 정보	– 해당 제품이 산림 파괴와 관련 없다는 적절하고, 결정적이고 검증할 수 있는 정보
법률 정보	– 해당 제품이 생산국 관련 법률(relevant legislation of the country of production)에 따라 생산되었다는 명확하고, 검증할 수 있는 (Adequately conclusive and verifiable) 정보 – 해당 상품/제품 생산을 위해 생산 지역을 사용할 권리를 부여받았다는 모든 계약 포함

(수집한 정보는 관계 당국에서 요청할 때 제공할 수 있어야 한다.)

'학명(Scientific name)'은 생물학에서 생물 종에 붙인 이름이다. 일반적 이름과 다르게 '종'과 '속'으로 구성된 두 부분이 있다. 예를 들어 '인간'의 학명은 '호모 사피엔스(Homo sapiens)'이다. 학명은 전 세계에서 공통으로 사용한다.

'토지 구획(plots of land)'은 생산국 법률에서 인정하는 '단일 부동산(single real-estate)'이다. 토지 내 어디서나 해당 제품 생산과 관련

---

41) 보조 단위는 Council Regulation (EEC) No 2658/87을 따른다.

된 산림 파괴나 산림 황폐화 위험 수준이 같은 조건이어야 한다.[42]

'지리 위치(geolocation)'는 위도와 경도로 기술된 토지의 지리적 위치다. 위도와 경도는 각각 소수점 아래 여섯 자리까지 표시해야 한다.[43]

EU 회원국 소속 관할 당국(The EU Member States' competent authorities)은 해당 상품이나 제품이 산림 벌채와 무관한 지역에서 생산되었는지, 합법적으로 생산되었는지, 실사 진술서가 사실인지, 오퍼레이터와 트레이더가 규정을 준수하는지를 점검한다.

1.2 지리 위치 정보

EUDR은 해당 상품이 생산된 토지를 확인할 수 있는 지리 정보를 요구한다. 오퍼레이터와 트레이더(비중소기업)는 자신이 취급하는 상품이나 제품이 생산된 지역을 확인하고 실사 진술서에 그 지역 위도와 경도 정보를 실어야 한다. 지리 위치는 산림 파괴와 무관함을 밝히는 가장 중요한 정보다. 산림 파괴와 관련된 지역에서 생산된 상품이나 제품은 자동으로 EU 역내 출시 및 유통이 금지된다. 지리 위치 정보에 관한 사항은 아래 표와 같다.

---

42) REGULATION (EU) 2023/1115, Article 2, (27)
43) 위의 글, Article 2, (28)

표7) 지리 위치 정보 수집과 표시[44]

토지 구획 면적	표시 정보	표시 방법	수집 방법
4ha 이하	위도, 경도 (소수점 이하 6자리)	중심점 하나, 혹은 경계를 나타낼 수 있는 꼭짓점 표시	휴대전화, 휴대용 위성항법장치, 지리정보시스템(GIS)을 이용 한 각종 기기나 서비스
4ha 초과 (가축은 제외)	상 동	경계를 나타낼 수 있는 꼭짓점 표시	
가축 사육시설	상 동	중심점 하나	

지오태깅(Geo-tagging)[45], 타임스탬프(Timestamp)[46]가 붙은 현장 사진, 항공 사진, 위성 사진 등도 산림 파괴와 관련 여부를 밝히는 증거로 사용될 수 있다. 오퍼레이터나 비중소기업 트레이더는 해당 제품을 출시, 유통, 수출하기 전에 반드시 해당 토지까지 추적해야 한다. 생산자(producer)가 제공한 지리 위치 정보를 활용해도 되지만, 규정 위반에 대한 책임은 오퍼레이터나 비중소기업 트레이더에게 있다.

---

44) Why and how must operators collect coordinates? European Commission, https://green-business.ec.europa.eu/deforestation-platform-and-other-eudr-implementation-tools/traceability_en#what-does-plot-of-land-mean
45) 컴퓨터 파일, 주로 디지털 사진 파일에 위치 정보를 기록
46) 사진에 자동으로 촬영 시간을 기록

1.3 여러 상품이 혼합되거나 섞인 제품

> 해당 상품/제품의 원료나 부품 중 일부라도 규정에 어긋나거나 규정 준수를 입증할 수 없으면 전체 상품/제품을 출시, 유통, 수출할 수 없다.

해당 제품에 포함되는 모든 원료, 부품, 제품 정보를 따로 수집해야 한다. 원료 중 혹은 부품 중 일부라도 생산지와 생산 날짜를 확인할 수 없으면 전체 제품을 출시, 유통, 수출할 할 수 없다. 모든 단계에서 원산지가 불분명한 상품을 분리해야 한다. 분리하지 못하면 전체 상품을 출시, 유통, 수출할 수 없다.

대두나 팜유처럼 대량 거래 제품에 원산지와 생산 날짜를 알지 못하는 일부 상품이 섞이면 이 제품은 EUDR을 충족하지 못한다.

200개 농장에서 수확한 대두를 한데 모아 EU로 수입하는 오퍼레이터가 있다. 이 오퍼레이터는 200개 농장 각각 지리 위치 정보, 합법성 준수 정보를 실사하고 실사 진술서에 기록해야 한다. 만일 한 군데라도 확인 불가능하고, 그 지역에서 나온 대두만 따로 분리하지 못한다면 대두 전체를 EU 역내로 들여올 수 없다. 해당 제품 원료나 재료가 여러 나라에서 나왔더라도 마찬가지로 모든 국가, 모든 토지를 확인해야 한다.

가구와 같은 제품은 부품에 사용된 모든 목재를 구분해 각각 생산지와 생산일 등 필요 정보를 확보해야 한다. 일부 부품이 규정을 준수하지 못하면 그 부품만 따로 분리해 내고 나머지를 출시, 유통, 수출해야 한다. 비 준수 부품을 식별, 분리하지 못하면 해당 제품 전체가 비준수 제품이 된다.

1.4 실사 정보 사례

제9조와 표4), 표5) 내용을 바탕으로, 가상 사례를 두고 정보를 수집해 보자.

> 2025년 타이어 회사 'HNK'는 캄보디아산 천연고무를 원료로 제작한 승용차 타이어 100본/1,200kg을 EU 역내 출시하려 한다.

타이어 회사는 EU에 공장이나 지사, 사무실을 두고 있는 '오퍼레이터'라고 가정한다. 천연고무는(CN4001) 해당 상품이며, 타이어(CN4011)는 해당 제품이다. 2024년 12월 30일 이후 EU 역내에 해당 제품을 출시하려면 EUDR을 따라야 한다. 따라서 타이어 회사는 원료로 사용한 천연고무에 관한 실사를 수행하고 정보를 수집해야 한다.

'A' 농장에서 채집한 고무 원물을 '갑' 공장에서 가공한 천연고무 300kg, 'B' 농장에서 채집하고 '을' 농장에서 가공한 천연고무

150kg을 원료로 타이어를 제조했다. 해당 제품에 포함되는 모든 원료의 정보가 필요하다. 오퍼레이터 'HNK'는 농장 'A'와 'B', 공장 '갑'과'를' 모두 실사해야 한다.

필요한 정보 리스트는 아래 표와 같다.

표8) 실사 정보(가상)

항 목	예
제품 설명	해당 제품: ① HNK 타이어, 타이어 (CN 4011), 고무 소재 신규 공기압 타이어 해당 상품: ② SVR 10, 천연고무(CN 4001), 천연고무
제품량	100본/1,200kg
생산국	캄보디아
생산지 생산일	농장 'A' 위, 경도 좌표: 13.191467, 106.218969/생산일 2025년 1월 20일 농장 'B' 위, 경도 좌표: 13.083651, 106.213036/생산일 2025년 1월 21일 (면적 4ha 이상이면 복수의 꼭짓점 좌표)
공급자 정보	농장 A, B 이름/주소/email 공장 갑, 을 이름/주소/email
구매자 정보	타이어를 다른 회사에 공급하는 경우 회사명/주소/email
산림 정보	예) '글로벌 포레스트 워치' 등에서 제공하는 산림 파괴 지역 지도
법률 정보	생산 국가 법률을 지켰다는 각종 증서(농장 A, B, 공장 갑, 을 모두) 예) 농장 토지 소유/사용 관련 증명서/계약서 공장 허가/각종 인증서 노동법 준수 자료(노동자 명단/임금 지불 대장/노동 시간 기록 등) 각종 납세 증명서 등

실사를 시행하는 오퍼레이터(와 비중소기업 트레이더)는 수집한 정보와 관련 자료를 확인하고 분석해 자신이 다루는 해당 제품이 규정을 어길 위험이 있는지를 스스로 평가해야 한다.

이 평가 결과 해당 제품이 규정을 어길 위험이 없거나, 위험이 있더라도 무시할 만한 수준이라고 판단될 때만 해당 제품을 출시하거나 수출할 수 있다.

위험 평가를 할 때 먼저 해당 상품이나 해당 제품 생산지를 위험도에 따라 나눈다. EUDR은 EU를 포함한 전 세계 국가와 지역을 산림 파괴와 산림 황폐화 위험도에 따라 세 등급으로 구분했다. 각 등급과 정의는 아래 표와 같다.[47]

EU 회원국은 매년 EUDR 규정이 제대로 지켜지는지 점검해야 한다.[48] 이때 고위험 국가에서 나온 해당 상품이나 해당 제품의 9%, 관련 오퍼레이터 9% 이상을 점검해야 한다.

이 기준은 위험도에 따라 다르다. 보통 위험 국가에서 나온 해당 상품/제품을 취급하는 오퍼레이터 3% 이상을 점검한다. 저위험 국가는 이 기준 비율이 1%이다.

---

47) REGULATION (EU) 2023/1115, Article 29, 1.
48) REGULATION (EU) 2023/1115, Article 16

표 9) 국가/지역 위험 등급 기준

위험 등급	정 의	점검 기준
고위험 (high Risk)	해당 상품이나 해당 제품이 3조 a항 '산림 파괴와 무관'이라는 조건을 어길 가능성이 큰 국가나 그 지역에서 생산될 위험이 큼	매년 오퍼레이터 9%, 해당 상품이나 제품 9% 이상 점검
저위험 (Low Risk)	해당 상품이나 해당 제품이 3조 a항을 어기는 사례는 예외적이라고 충분히 보장할 수 있는 국가나 그 지역에서 생산	매년 오퍼레이터 1% 이상 점검
보통 위험 (Standard Risk)	고위험과 저위험 모두에 포함되지 않은 국가나 지역	매년 오퍼레이터 3% 이상 점검

전체 평가 기준은 아래 표에 나온다.[49]

표 10) 위험 평가 기준

	기 준
①	생산국이나 그 일부 지역에 위험 등급 할당(기준은 위 표)
②	생산국이나 그 일부 지역에 산림, 혹은 산림 일부가 존재
③	생산국이나 그 일부 지역에 원주민(indigenous people) 존재
④	생산국이나 그 일부 지역에 거주하는 원주민과 선의에 기반한 협상과 협력
⑤	해당 제품 생산 지역 소유권이나 사용권에 대해 객관적이고 검증할 수 있는 정보를 바탕으로 한 원주민의 합리적 주장이 존재
⑥	생산국이나 그 일부 지역에 산림 파괴나 산림 황폐화가 만연
⑦	실사에 필요한 정보 관련 문서의 출처, 신뢰성, 타당성, 기타 이용할 수 있는 출처

---

49) REGULATION (EU) 2023/1115, Article 10

⑧	생산국이나 원산지, 그 일부 지역에서 부패, 문서 및 데이터 위조 만연, 법 집행 부족, 국제 인권 침해, 무력 분쟁, UN 안전보장이사회 또는 유럽 집행 위원회에서 부과한 제재 등에 관한 우려
⑨	해당 제품 관련 공급망과 가공 과정의 복잡성, 특히 해당 제품을 해당 상품 이 생산된 토지로 연결할 때 생기는 어려움
⑩	이 규정을 우회하거나 원산지를 알 수 없거나 삼림 파괴 또는 산림 황폐화가 발생했거나 발생 중인 지역에서 생산된 해당 제품과 혼합될 위험이 있는 경우
⑪	집행위원회에 등록된, 본 규정 이행을 지원하는 전문가 그룹에서 내린 결론
⑫	제31조에 따라 제출한 실질적인 우려 사항 및 관련 공급망에 있는 오퍼레 이터 또는 트레이더가 규정을 위반한 이력에 대한 정보
⑬	해당 제품이 규정을 준수하지 않을 수 있는 위험을 나타내는 모든 정보
⑭	본 규정의 준수에 대한 보완 정보(유럽 의회 또는 집행위원회가 인정한 자발적 인 증이나 제3자 검증)

오퍼레이터는 매년 위험 평가를 검토하고 문서로 만들어야 한다. 관할 당국에서 요청하면 위험 평가 문서를 제출해야 한다.

또한 기준에 따라 위험도를 어떻게 확인하고 평가했는지 입증할 수 있어야 한다.

(3) 위험 완화

위험 평가 결과 해당 제품이 규정을 위반할 위험이 없거나 무시할 수 있는 수준이 아니라면 오퍼레이터는 위험을 완화해야 한다. 완화 조치로 위험이 없거나 무시할 만해지면 비로소 해당 제품을 출시,

유통, 수출할 수 있다.

① 추가 정보, 데이터, 문서를 확보하거나 ② 독립적인 조사나 감사를 시행하거나 ③ 표 7에 열거한 정보를 다른 방식으로 평가하는 등이 위험 완화 조치가 될 수 있다.

또한 오퍼레이터는 해당 제품이 규정을 어길 위험 요인을 효과적으로 관리할 수 있는 정책, 통제 절차 등을 마련해야 한다.

예를 들어 위험을 식별, 평가, 관리하는 절차, 보고 및 기록 보관, 내부적인 통제 시스템 구축 등이다. 중소기업이 아닌 오퍼레이터는 경영진에 따로 '준법 관리인(Compliance Officer)'을 둘 필요도 있다. 내부 정책 및 통제 절차는 독립적인 감사 기능을 통해 점검해야 한다.

위험 완화 절차 및 조치도 매년 점검해 문서로 기록해야 한다. 마찬가지로 관할 당국에서 요청할 때 제공해야 하고, 위험 완화 절차 및 조치에 관한 결정 과정을 입증할 수 있어야 한다.

(4) 실사 시스템 구축과 실사 절차 간소화

해당 상품/제품 생산국이 저위험 국가이고, 고위험/표준 위험 생산국에서 나온 상품/제품과 전혀 섞이지 않으면 실사에서 위험 평가 및 위험 완화 조치 의무를 면제한다.

규정에 맞는 실사 시행을 위해 오퍼레이터는 실사 시스템을 구축하고, 최신 상태로 유지해야 한다. 최소 1년에 한 번 실사 시스템을 점검하고, 새로운 사항이 나타나면 이를 바탕으로 업데이트해야 한다. 중소기업이나 자연인이 아닌 오퍼레이터는 매년 실사 시스템과 실사 시행 조치 등을 광범위하게(인터넷 등으로) 공개해야 한다.

EU 공급망 실사 지침[50] 등 다른 EU 법률에 해당하는 오퍼레이터는, 그 법률에 따라 보고할 때 EUDR 실사와 관련된 내용을 넣을 수 있다. 이렇게 하면 보고 의무를 이행했다고 인정한다. 보고에 들어가는 각종 정보는 데이터 보호 관련 다른 법률을 어기지 않아야 한다.

실사 시행에 꼭 필요한 ① 정보와 자료 수집 ② 위험 평가 ③ 위험 완화 중에서 위험 평가와 위험 완화는 생략할 수 있다.

오퍼레이터가 모든 해당 상품이나 해당 제품이 저위험 국가 또는 그 일부 지역에서 생산되었으며, 표준이나 위험 국가에서 생산된 제품과 섞일 위험이 없다고 확인하면 위험 평가 및 위험 완화에 관한 의무가 면제된다. 이때도 관할 당국에서 근거를 요청하면 이를 입증하는 관련 문서를 제출해야 한다. 또한 의무 면제 중이라도 해당 제품이 관련 규정을 어길 위험이 나타나면 즉각 관할 당국에 보고하고 위험 평가 및 위험 완화 조치를 해야 한다.[51]

---

50) https://eur-lex.europa.eu/legal-content/EN/TXT/?uri=CELEX%3A52022PC0071
51) REGULATION (EU) 2023/1115, Article 13

정해진 양식은 아직 없으나 규정 부속서 2[52]에 실사 진술서에 필요한 기본내용이 있다.

향후 EU에서 구체적 가이드라인을 발표할 예정이다.

---

52) REGULATION (EU) 2023/1115, Annex II.

53) Economic Operators Registration and Identification, EU 역내·외로 상품을 수입 또는 수출하는 기업을 위한 EU 등록 및 식별 번호

실사 진술서(Due diligence statement)

오퍼레이터 이름(Operator's name):

주소(Address):

등록 번호(EORI[53] Number):

HS코드(Harmonised System code)와 제품 설명(상품명, 학명, 수량2[54]):

생산국(Country of Productiom) 이름:

지리 위치(Geolocation): 해당 제품/상품과 관련된 모든 생산지 좌표, 가축은 모든 사육지

기존 실사 진술서 번호(existing due diligence statement): 다른 실사 진술서 참조할 때

'이 실사 진술서를 제출함으로써 오퍼레이터는 규정 (EU) 2023/1115에 따른 실사가 수행되었으며, 해당 제품이 규정 제3조 (a) 또는 (b)항을 준수하지 않는다는 위험이 없거나 무시할 수 있는 정도에 불과함을 확인합니다.'

'By submitting this due diligence statement the operator confirms that due diligence in accordance with Regulation (EU) 2023/1115 was carried out and that no or only a negligible risk was found that the relevant products do not comply with Article 3, point (a) or (b), of that Regulation.'

Signed for and on behalf of: (본인) by (대리인)

날짜(Date):

이름(Name)과 직책(function):

사인(Signature):

---

54) 단위는 순 중량, 보조 단위는 전술한 규정에 따라

4. 정보 등록

Register information

1) 정보 시스템 구조

> EU에서 개발(예정)한 '정보 시스템'에 실사 진술서를 등록해야 한다.

오퍼레이터나 트레이더는 실사 진술서와 필요 정보를 EU에서 제공하는 정보 시스템(The Information System)에 등록해야 한다. 이 시스템은 EU 집행위원회에서 2024년 12월 30일까지 구축하고 유지할 예정이다.

정보 시스템은 세관과 연결된다. 2022년 12월부터 EU는 'EU 세관 단일 창구(EU Single Window Environment for Customs, EU SWE-C)'를 운영하기 시작했다. 세관과 다른 정부 기구 간에 정보를 쉽게 공유하고 협력하기 위한 환경이다. EU 세관 단일 창구에는 'EU CSW-CERTEX'라는 핵심 시스템이 있는데, EUDR을 위한 정보 시스템도 여기 연결된다. EU 가입국 소속 관할 당국끼리 이 정보를 공유한다.

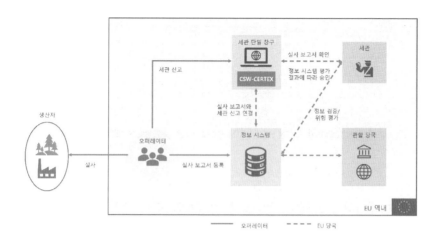

그림 3. 정보 시스템 개요

　해당 상품/제품 출시 과정을 그림 3으로 살펴보자. 오퍼레이터 (또는 트레이더)는 해당 상품 혹은 제품 실사를 마친 후 실사 진술서 를 정보 시스템에 등록한다. 해당 상품이나 제품을 수입할 때 세관 에 수입신고를 하면 자동으로 세관 신고와 실사 진술서가 연동된 다. 정보 시스템은 실사 진술서 평가 결과가 세관으로 통보한다. 위 반 사항이 없으면 세관은 수입 허가(역내 운송 허가, Release for free circulation)를 내준다. EU 회원국 내 여러 관할 당국도 이 시스템 으로 실사 진술서와 각종 정보가 사실인지 검증하고, 국가 위험도를 평가한다. 등록한 실사 진술서는 72시간 내 수정이 가능하다. 단 세 관 신고나 다른 실사 진술서에서 참조한 경우는 수정할 수 없다.[55]

---

55)　https://green-business.ec.europa.eu/deforestation-platform-and-other-eudr-
　　　implementation-tools/supporting-implementation_en

2) 정보 시스템 기능

EUDR에서는 정보 시스템이 갖추고 있는 기능을 정의했다.[56] 아래 표에서 정보 시스템 기능을 소개한다.

표11) 정보 시스템 기능

	기능
①	EORI 번호 등록
②	실사 진술서 등록(다른 사업자가 이용할 수 있도록 참조 번호 포함)
③	기존 실사 진술서 참조 번호
④	지리 위치 확인을 위한 데이터 변환
⑤	실사 진술서 점검 결과 등록
⑥	EU 세관 단일 창구 환경을 통한 세관과 연결
⑦	위험성 확인을 위해 점검이 필요한 관련 정보, 점검 결과, 오퍼레이터와 트레이더 위험도 프로파일, 점검해야 하는 해당 상품이나 제품 정보 등 제공
⑧	정보와 데이터 교환을 위한 관할 당국 간, 관할 당국과 집행위원회 사이 행정 지원과 협력
⑨	관할 당국과 오퍼레이터/트레이더 간 의사소통 지원, 가능한 경우 디지털 공급 관리 도구 사용 지원

집행위원회는 2028년 6월 30일까지 이 기능에 적합한 전자 인터페이스를 개발해야 한다.[57]

---

56) REGULATION (EU) 2023/1115, Article 33, 2.
57) REGULATION (EU) 2023/1115, Article 28

5. 규정 위반 시 처벌 사항

Penalties for violation of regulations

규정 위반 시 처벌 사항

EU 회원국은 각자 오퍼레이터와 트레이더가 EUDR 규정을 위반할 때 처벌할 수 있는 규정을 만들어야 한다. 처벌에 포함되는 주요 내용은 아래 표와 같다.[58]

표12) 위반 시 처벌 내용

항 목	내 용
벌금	최소한 EU 총매출액의 4%[59], 위반이 계속되면 점차 벌금 액수 증가
제품 몰수	해상 제품을 오퍼레이터나 트레이더로부터 몰수
수익 몰수	해당 제품 거래에서 얻은 수익금 몰수
자격 제한	조달, 입찰, 보조금, 임대 등 공공자금 제한 최대 12개월
출시/수출금지	심각하거나 반복해서 위반하는 경우 시장 출시/수출을 일시적으로 금지
간소화 철회	심각하거나 반복해서 위반하는 경우 간소화 실사 시행 금지

EU 회원국은 규정 위반에 대한 최종 판결과 처벌을 판결이 확정된 날로부터 30일 이내에 집행위원회로 통보해야 한다. 집행위원회는 처벌받은 사업자 ① 이름 ② 판결일 ③ 위반 사항 ④ 처벌 내용과 벌금액 등이 포함된 정보를 웹사이트에 공지한다.

---

58) REGULATION (EU) 2023/1115, Article 25
59) 총매출액은 Regulation (EC) No 139/2004 제5조 1항으로 계산

6. 주요 일정

major events

주요 일정

EUDR 규정은 2023년 6월 9일 'EU 관보(Official Journal of the European Union)'에 게시되었다.[60] 공식적인 '발효일(enter into force)'은 관보 게재 후 20일이 지난 2023년 6월 29일이다. 발효일 후 18개월 동안은 의무 규정이 적용되지 않는다. 의무 규정이 적용되는 날짜는 2024년 12월 30일부터다. 2020년 12월 30일 이전에 설립한 중소기업에 해당하는 오퍼레이터/트레이더는 2025년 6월 30일부터 규정을 따라야 한다.

| 2019. 06. 23. | EU 집행위원회가 세계 산림 보로 및 복원을 위한 행동 강화 커뮤니케이션 채택 |

2019. 06. 23. — EU 집행위원회가 세계 산림 보로 및 복원을 위한 행동 강화 커뮤니케이션 채택

2023. 06. 09. — EUDR(Regulation (EU) 2023/1115)를 관보에 게재

2023. 06. 29. — EUDR 발효

2024. 12. 30. — EUDR 적용 (중소기업이 아닌 오퍼레이터/트레이더)

2025. 06. 30. — EUDR 적용 (중소기업 오퍼레이터/트레이더)

그림 4. EUDR 주요 일정

---

60) https://eur-lex.europa.eu/legal-content/EN/TXT/?uri=CELEX%3A32023R1115&q
id=1687867231461

7. EUDR의 미래 및 세계적 영향

EUDR's future and global implications

1) 해당 제품 및 지역 확대 가능성

EU 집행위원회는 현재 EUDR을 평가한 후, 스코프를 확대 예정이다. 현재는 산림(forest)만 규제 대상이지만, 일차적으로 기타 수풀 지역(other wooded land), 다음으로는 사바나, 습지 등 다른 생태계까지 규제 대상이 될 수 있다.

생태계가 확대되면 지금은 규제 대상이 아닌 브라질 세라도 지역[61] 대두 생산 등이 바로 영향권에 들어간다.[62]

해당 상품이나 제품 범위도 확장할 가능성이 크다. 유럽 집행위원회는 해당 제품 목록이 실린 부속서 1을 수정할 수 있다.

가장 우선 검토되고 있는 제품은 '바이오 연료'이다. 바이오 연료와 관련 파생상품이 추가되면 해당 상품 생산지와 해당 제품 가공 산업 전반이 영향받는다. 규정에서 밝힌 평가 관련주요 내용은 아래 표와 같다.

---

61) 브라질 동부 열대 사바나지역. 브라질 면적 중 21%를 차지한다. 삼림과 초원 중간 정도로 다양한 동·식물이 살고 있다.

62) S&P Global.(2023.8.31.). Global impact of the EU's anti-deforestation law. https://www.spglobal.com/esg/insights/featured/special-editorial/global-impact-of-the-eu-s-anti-deforestation-law

표 13) 규정 평가 및 변경 관련 예상 일정[63]

항목	일정	내용
평가 및 적용 범위 확대 검토	~2024. 6. 30.	규정 영향 평가 및 적용 범위 확대 기타 수풀 지역(other wooded land)까지 확대 산림 파괴 기준일(2020년 12월 30일) 평가 해당 상품이 산림 파괴에 미치는 영향 평가
평가 및 적용 범위 확대 검토	~2025. 6. 30.	규정 영향 평가 및 적용 범위 확대 초원, 이탄지, 습지 등 탄소 저장량이 많고 생물 다양성 가치가 높은 토지 포함 옥수수 등 해당 상품 확대 검토 바이오 연료 등 해당 제품 확대 검토

---

63) REGULATION (EU) 2023/1115, Article 34

2) 글로벌 규제 확산 가능성

미국에도 EUDR과 비슷한 입법 움직임이 있다. 2023년 12월 1일 미국 하원과 상원에 「산림법 2023(Forest Act of 2023)」이 상정되었다. 이 법안은 민주당 출신 상원의원 브라이언 샤츠와 하원의원 얼 불루메나우어가 발의했다. 공화당 의원도 공동 발의에 참여했고, 미국 환경단체와 축산업계가 이 법안을 지지하고 있다.[64] 법안을 발의한 브라이언 샤츠는 미국이 산림 벌채 규정을 제정하는 데 있어 EU를 따라야 한다고 주장한다.[65]

미 의회에 상정된 법안도 EUDR과 흡사하다. 법이 제정된 후부터 불법적으로 파괴된 산림에서 생산되는 상품과 파생 제품 수입 금지가 목표다. 규제 대상은 팜유, 대두, 코코아, 소고기, 고무와 이를 원료로 만드는 제품이다.[66] 아직 법안이 그대로 통과될지 혹은 수정되거나 폐기될지 확실히 알 수 없다. 다만 비슷한 규제가 생겨날 가능성은 크다.

---

64) Bond, D.E, Solomon, M, & Saccomannom I. (2023. 12. 7). US Congress Reintroduces Bill to Restrict Imports Linked to Illegal Deforestation. White & Case. https://www.whitecase.com/insight-alert/us-congress-reintroduces-bill-restrict-imports-linked-illegal-deforestation

65) Holger, D. (June 29, 2023). U.S. Companies Face EU Deforestation Rules on Coffee, Wood and Other Everyday Goods. Wall Street Journal.

66) S.3371 – FOREST Act of 2023, 118th Congress (2023-2024), and H.R.6515 – FOREST Act of 2023, 118th Congress (2023-2024). https://www.congress.gov/bill/118th-congress/senate-bill/3371 https://www.congress.gov/bill/118th-congress/house-bill/6515

3) 증가하는 비용 지출

EUDR을 준수하기 위해서 기업은 추가 비용을 지출하리라 예측한다. S&P에 따르면 규정 준수 관련 비용이 연간 약 1억 7천만 달러에서 25억 달러 사이이다.[67] 이 비용은 밸류 체인상 여러 사업자가 수익을 줄여 흡수하거나 EU 역내 최종 소비자에게 전가될 수 있다. 실사 수준은 EU 집행위원회에서 해당 상품이나 제품 생산국 위험도를 어떻게 평가하느냐에 따라 크게 달라진다. 추가 비용도 이에 따라 달라질 것이다. 해당 상품에 따라 들어가는 비용도 변할 것이다. 예를 들어 태국 라텍스 그룹 회상 '보라텝 윙사수티'는 천연고무는 약 10% 정도 생산비가 늘어나리라 추산한다.[68]

67) S&P Global.(2023.8.31.). Global impact of the EU's anti-deforestation law. https://www.spglobal.com/esg/insights/featured/special-editorial/global-impact-of-the-eu-s-anti-deforestation-law
68) Turton, S. (November, 3, 2023). From Cambodia to Thailand, rubber producers brace for new EU rules. Nikkei Asia.

4) 우려하는 목소리

(1) 생산자들이 겪는 곤란

EUDR에서 요구하는 의무 중 핵심은 해당 상품/제품 생산지 추적이다. 이를 위해 지리 위치를 필수적으로 확보해야 한다. 해당 상품 생산에 종사하는 농민이나 해당 상품을 재료로 파생 제품을 제조하는 업계, 민간 시민단체에서는 실현 가능성에 우려를 표한다.

특히 소규모 생산자는 글로벌 공급망에서 배제될 수 있다. 규정이 시행되면 유럽 구매자는 규정을 준수할 수 있는 대규모 농장으로부터만 제품을 구매할 가능성이 크다. 따라서 특정 공장이나 회사와 계약을 맺지 않은 독립된 소규모 농가는 판매처를 상실하게 될 수 있다.

원산지 구분도 어려운 문제다. 규정에 따르면 해당 제품에 사용하는 모든 원료나 재료를 분리해 필요한 정보를 확보해야 한다. 예를 들어 EU에 고무를 수출하는 주요 국가인 베트남에서는 캄보디아산 고무와 라오스산 고무가 현지 고무와 혼합되기 때문에, 모든 원료 생산국 추적은 거의 불가능하다.[69]

---

69) Turton, S. (November, 3, 2023). From Cambodia to Thailand, rubber producers brace for new EU rules. Nikkei Asia.

추가 부담을 결국 생산지 농민이 지게 되리라는 예측도 있다. 몽가베이[70]에 따르면 베트남 커피 95%, 인도네시아 팜유 42%, 태국 고무 95%를 소규모 농장에서 생산한다.

소규모 농사를 짓는 수백만 동남아시아 농부들은 새 규정의 까다로운 실사 요건을 충족할 수 있는 기술적 역량과 재정적 자본이 부족하다.

결과적으로 시장에서 몰려난 소농은 외부 지원이 없으면 토지 소유권 박탈 및 기타 학대에 노출될 수 있으며, 일부는 생계를 위해 숲이 우거진 지역으로 들어가야만 하는 상황에 놓일 수 있다.[71]

(2) 국가, 혹은 기업 단체의 대응

EUDR로 발생하는 부담을 지게 되는 글로벌 사우스[72]국가는 규제에 반발하고 있다. 브라질 농업부는 이 조치가 세계무역기구 원칙에 부합하지 않는다고 지적한다.

말레이시아와 인도네시아는 차별적인 EU 조치에 공동 대응한다. 글로벌 사우스 17개국 대사들은 EU 집행위원회와 의회에 서한을 보

---

70) Mongabay, 비영리 환경 보존 및 환경 과학 뉴스 플랫폼이다. https://mongabay.org/
71) Cowan, C. (20 September 2023). EU deforestation-free rule 'highly challenging' for SE Asia smallholders, experts say. Mongabay.
    https://news.mongabay.com/2023/09/eu-deforestation-free-rule-highly-challenging-for-se-asia-smallholders-experts-say/
72) 제삼 세계, 또는 개발도상국을 지칭하며 남미, 아시아, 아프리카 120여 개국이 속한다.

내 EUDR이 "본질적으로 차별적이고 징벌적인 일방적 시스템으로, WTO 의무를 위반할 가능성이 있다."라고 지적했다.[73]

EUDR로 영향받는 회사들도 마찬가지다. 특히 새로운 규정 집행에 관한 구체적인 가이드라인이 명확히 제시되지 않아 기업은 준비에 어려움을 겪고 있다. 식품 업계에서는 EUDR에 대응할 시간이 부족하다고 호소한다.[74] '유럽 커피 연맹(ECF)'은 현재 예정된 12월 30일 EUDR 적용이 "특히 EU가 중요한 시장이 소규모 생산자 수백만 명에게 큰 타격을 줄 것"이라고 경고하고 규제 시행 연기를 요청했다.[75]

EU에서는 시행 준비를 착착 진행하고 있다. 삼림 파괴 및 산림 황폐화를 관찰하기 위한 EU 관측소가 가동 중이다.[76] 이 관측소는 전 세계 삼림 면적의 변화와 관련 동인에 대한 지도와 데이터를 제공한다.

73) de Silva, I. M. (20/09/2023). Why the Global South is against the EU's anti-deforestation law?
https://www.euronews.com/my-europe/2023/09/20/why-the-global-south-is-against-the-eus-anti-deforestation-law

74) Savage, S., Bryan, K., Hancock, A., & Pooler, M. (NOVEMBER 13 2023). Food industry calls for more time to implement EU deforestation rules. Financial Times.
75) Sousa, A. 2024.2.22. Europe's Coffee Traders Urge EU to Delay Deforestation Rules. Bloomberg.
https://www.bloomberg.com/news/articles/2024-02-22/europe-s-coffee-traders-urge-eu-to-delay-deforestation-rules

76) https://forest-observatory.ec.europa.eu/

2023년 12월 12일 끝난 제28차 유엔 기후협약 당사국총회 (Conference of the Parties)에서 EU와 독일, 네덜란드, 프랑스 정부는 '산림 파괴 없는 가치 사슬에 관한 글로벌 팀 유럽 이니셔티브'를 출범했다.[77] 12월 18일 EU 집행위원회는 '정보 시스템' 파일럿 테스트를 시작했다. 관련 분야 이해 당사자 100여 명이 참석했다. 또한 2024년 여름에는 관심 있는 기업을 대상으로 교육을 시행하고, 사용자 매뉴얼 및 동영상 튜토리얼 등도 제공할 예정이다.[78]

그림 5. 정보 시스템 데모 화면[79]

77) https://international-partnerships.ec.europa.eu/news-and-events/news/global-gateway-eu-and-member-states-launch-global-team-europe-initiative-deforestation-free-value-2023-12-09_en

78) https://environment.ec.europa.eu/news/deforestation-free-supply-chains-information-system-pilot-testing-begins-today-2023-12-18_en

79) https://www.icocoffee.org/documents/cy2023-24/eudr-information-system-webinar-slide-deck.pdf

국가와 산업계에서 다양한 요구가 쏟아지면서, EUDR 시행이 연기될지도 모른다는 예측도 나오고 있다. 우선 일정 자체가 연기될 가능성이다. 유럽 커피협회 등 관련 업계에서는 계속 시행 연기를 요청하고 있다. 혹은 시행은 하되 필수 서류를 검증하지 않을 수도 있다. 형식 요건만 충족하면 일단 출시/유통을 허용할 가능성이다. 일단 국가별 위험 등급을 유예한다는 소식도 들린다. 일단 시행할 때 위험 등급 분류를 하지 않고 모두 '표준 위험'으로 시작한다는 보도도 있다. 이를 시작으로 연기 가능성을 조심스럽게 점치기도 한다.[80]

표14) 연기 가능 시나리오

시나리오	내 용
EUDR 전체 연기	적용을 미룸, 현재 식품업체 중심(유럽 커피협회 등) 연기 요청
EUDR 시행/검증 유예	계획대로 시행/그러나 일정 기간 서류를 검증하지 않고 형식적 요건 충족으로 유통
위험 국가 지정 유예	국가별 위험도를 지정하지 않고, 전체 국가를 '표준 위험 지역'으로 설정

2024년 상반기 내에 가이드라인이 나오면 보다 명확해질 것이다.

---

80) Bounds. A., Hancock. A., & Beattie. A. (8 March 2024). EU delays stricter rules on imports from deforested areas. Financial Times.

8. 결론

conclusion

1) EUDR 요약

유럽연합의 '산림 파괴 없는 상품'에 관한 규정(REGULATION (EU) 2023/1115)을 전체적으로 정리하면 아래와 같다.

표 15) EUDR 요약

항 목	내 용
목 적	· 산림 파괴 방지
기후 변화 대응 논리	· 농·축산업을 늘리려고 산림을 파괴하면 탄소 농도가 높아진다. · 산림에 사는 생물도 멸종 위기에 처한다. · 이를 막기 위해 산림 파괴 지역에서 나오는 상품은 EU 역내로 들여오거나, 유통하거나, 수출하지 않는다. · 결과적으로 생태계를 보전하고 지구 온난화를 막을 수 있다.
금 지	· 2020년 12월 31일 이후 산림 파괴 지역에서 생산된 상품이나 제품 · 생산 과정에서 법률을 위반한 상품이나 제품 · 실사로 확인하지 못한 상품이나 제품
규제 대상	· 7개 해당 상품(소, 목재, 대두, 카카오, 팜 오일, 커피, 고무) · 위 해당 상품을 함유하거나, 원료로 사용하거나, 부품으로 사용한 해당 제품(부속서 1에 열거)
의무 주체	· 오퍼레이터(해당 상품이나 제품을 EU 역내에 출시, 수출하는 자) · 트레이더(해당 상품이나 제품을 EU 역내에서 유통하는 자)
의무 사항	· 실사 및 실사 진술서 제출 · 실사에는 ① 지리 위치, 각종 법률 준수 증명 등 정보 ② 위험 평가 ③ 위험 완화 방안을 포함해야 함
처 벌	· 미준수 시 최소 EU 매출액 4%에 달하는 벌금 · 공공 기금 접근 제한 · 상품이나 수익 몰수 · 수입, 수출, 신고 간소화 제한
일 정	· 2023년 6월 29일 발효 · 2024년 12월 30일 적용(비중소기업) · 2025년 6월 30일 적용(중소기업)

2) 기업이 준비해야 할 일

EUDR 적용이 다가오면서 관련 산업 분야 사업자는 준비에 힘을 쏟고 있다. 기업이 제대로 대응하기 위해서는 시간과 비용이 들어간다.

우선 자신이 속한 공급망을 투명하게 모니터링하고 관리할 수 있어야 한다. 체계적인 실사 시스템, 위험 평가 및 위험 완화 프로세스, 독자적인 평가, 감사 제도 구축 등이 필요하다.

해당 공급망에 대한 실사 프로세스를 구축하고, 변화에 적응하는 시스템을 구축해야 한다. 여러 군데 흩어진 공급 업체를 실사할 수 있는 기반을 만들어야 한다.

해상 상품이나 제품을 다른 사업자로부터 공급받아 가공, 생산하는 오퍼레이터나 유통하는 트레이더는 필요 정보를 원활히 수집할 수 있는 공급 업체 선정이 중요하다. 또한 혹시 모를 규정 미준수에 대비하는 리스크 관리 계획도 필요하다.

현재 및 잠재적 공급 업체가 규정 준수 능력을 갖추었는지 확인해야 한다. 공급 업체 선발 기준을 정비하고, 공급 업체가 지켜야 하는 행동 규칙을 만들어야 한다.

규정 준수를 위해서는 해당 상품이나 제품을 생산지 별로 분리해서 관리할 필요성이 있다. 이 결과 재고 관리가 복잡해지고, 생산에 들어가는 비용 분석과 제품 수익성 분석이 복잡해진다.

복잡해지는 재고 관리, 생산 비용과 수익성 분석을 준비해야 한다.

관련 법규에 따라 기업은 산림 파괴 관련 정보를 정기적으로 보고하고 공개해야 한다. 이를 통해 투명성을 높이고, 이해관계자로부터 신뢰를 얻을 수 있다.

정기적인 정보 보고 및 공개를 준비해야 한다.

정보 추적과 관련한 정보 통신 기술이 필요할 수 있다. 지리 위치를 획득하기 위한 지리 정보 시스템, 위성 사진, 네트워크, 모바일 애플리케이션 등이 도움이 된다.

정보 추적성을 높이기 위해 지리 정보 시스템/위성 사진/네트워크/모바일 애플리케이션 등 정보 통신 기술 제공업체와 협력이 필요하다.

내부에 정보 획득, 실사 시행, 준수 사항 감사 등과 관련된 정책과 절차를 개발하고 운영하는 인력이 필요하다. 이를 위한 조직을 구성하거나 전문 인력을 채용하고, 교육/훈련으로 내부 인력이 EUDR을 잘 인식하고 이해하도록 해야 한다.

담당 조직과 전문 인력 준비, 내부 인력 교육/훈련도 중요하다.

3) 위기와 기회

EUDR 적용은 기존 공급망 전체를 흔들만한 변화이다. 소농으로부터 대형 제조업체까지 제대로 준비하지 않으면 비용이 늘어나고 수익이 줄어드는 위기를 맞이할 가능성이 크다.

환경과 관련한 각종 규제는 앞으로 더욱 강화되리라 예측된다. 시기에 차이가 있을 뿐 EUDR도 범위와 지역이 확대될 것이다. 이 변화를 민감하게 받아들이고 재빠르게 적응하는 사업자는 새로운 기회를 창출할 수도 있다.

마치며

Closing

마치며

이 책은 2024년 12월 30일 적용 예정인 EUDR을 내용 중심으로 설명하고 있다.

관련 산업계는 EUDR 대응 준비에 분주하지만, 아직 공식 가이드라인이 나오지 않은 상태이기에 혼동은 당분간 계속되리라 예상한다. 이럴 때는 규정 그 자체를 정확히 이해해야 한다.

우선 규정에 담긴 여러 조항을 정확히 파악하고, 다양한 시나리오에 적용해 보아야 한다. 이후 시나리오를 바탕으로 각 사업 현황에 맞는 준비를 해 두어야 다가오는 규제에 현명하게 대처할 수 있다.

이 책은 EUDR을 준비하는 관련자에게 꼭 알아야 하는 내용을 가능한 원문 그대로 풀이해 전달하고자 했다.

규정 문서와 EU에서 공식적으로 발표한 내용을 주로 다루었다. 컨설팅 회사나 각종 언론 매체에서 내린 해석은 향후 예측에 한정했다.

앞으로 EUDR에 관한 공식 가이드라인이 나오고 관련 업계 대응이 현실화하면 구체적인 사례와 함께 실제 적용에 응용할 수 있는 내용 위주로 두 번째 책을 선보일 예정이다.

부록

Appendix

부록 1. 규정에 사용한 용어 정의

규정 제2조는 '정의(definition)'를 다룬다. 부록 1에서는 제2조 전문 번역과 원문을 소개한다.

제2조
정 의

본 규정의 목적상 다음 정의가 적용된다.

(1) '해당 상품(relevant commodities)'이란 소, 코코아, 커피, 오일 팜, 고무, 대두, 목재를 의미한다.

(2) '해당 제품(relevant products)'이란 해당 상품을 함유하거나, 해당 상품을 공급받았거나, 해당 상품을 사용하여 제조된 부속 서 I에 나열된 제품을 의미한다.

(3) '산림 파괴(deforestation)'는 인위적이든 아니든 산림을 농업용 지로 전환하는 것을 의미한다.

(4) '산림(forest)'이란 0.5헥타르 이상 면적에 높이 5m 이상인 나무 가 있고 임관피복도(canopy cover) 10% 이상인 토지, 또는 옮 겨심거나 하지 않아도(in situ) 장래 나무가 자라 이 기준에 도

달할 지역으로 농업이나 도시에서 주로 이용하는 토지는 제외한다.

(5) '농업용(agricultural use)'이란 농업 농장 및 전용 농지를 포함하여 농업을 목적으로 토지를 사용하고 가축을 기르는 것을 의미한다.

(6) '농업 농장(agricultural plantation)'은 과수 농장, 오일 팜 농장, 올리브 과수원 및 나무 덮개 아래에서 작물을 재배하는 농림업 시스템과 같은 농업 생산 시스템에서 나무가 서 있는 토지를 의미한다. 목재 이외의 모든 해당 상품 재배지를 포함한다. 농장은 '산림'의 정의에서 제외한다.

(7) '산림 황폐화(forest degradation)'는 산림 피복의 구조적 변화를 의미하며, 아래와 같은 전환의 형태를 취한다.

  (a) 원시림 또는 자연적으로 재생된 산림을 '식재림(plantation forests)' 또는 기타 숲이 우거진 토지로 조성하는 경우, 또는

  (b) 원시림을 '조성된 산림(planted forest)'으로 바꾸는 경우

(8) '원시림(primary forest)'이란 인간 활동의 흔적이 뚜렷하지 않고 생태적 과정이 크게 교란되지 않은 토종 수종으로 '자연적으로 재생된 산림(naturally regenerated forest)'을 의미한다.

(9) '자연 재생림(naturally regenerating forest)'이란 자연 재생을 통해 조성된 수목이 주를 이루는 산림으로, 다음 중 어느 하나에 해당하는 산림을 의미한다.

(a) 조림인지 자연 재생인지 구분할 수 없는 산림

(b) 자연적으로 재생된 토종 수종과 식재 또는 파종된 나무가 혼합된 숲으로, 자연적으로 재생된 나무가 성숙기 수목 대부분을 차지하리라 예상하는 곳

(c) 원래 자연 재생을 통해 조성된 나무의 그루터기에서 자라난 나무(coppice)

(d) 도입된 종이 자연스럽게 자라난 나무

(10) '조성된 산림(planted forest)'이란 식재 및/또는 의도적인 파종을 통해 조성된 나무로 주로 구성된 산림으로, 식재 또는 파종된 나무가 '성숙기(maturity)'에 성장량(growing stock[81]) 50% 이상을 차지할 것으로 예상되는 산림을 의미하며, 원래 식재 또는 파종된 나무 그루터기에서 자라난 나무를 포함한다.

(11) '식재림(plantation forest)'이란 조림 및 '성숙기(stand maturity)[82]'에, 나무 종류가 1~2개, 고른 연령대, 일정한 간격 등의 기준을 모두 충족하고 집중적으로 관리되는 '조성된 산림'이며, 목재, 섬유 및 에너지 생산을 위한 단기 순환 조림을 포함한다. 조림 또는 파종으로 조성한 산림이지만, 재해 방지나 생태계 복원을 위해, 또는 입목 성숙기에 자연 재생림과 유사하거나 유사리라 예상할 수 있는 산림은 제외한다.

---

81) 산림 지연 내 살아 있는 모든 나무의 부피
82) maturity와 stand maturity 모두 성숙기로 번역했다. 나무가 최대 성장 높이까지 자란 시기이다.

(12) '기타 수풀 지역(other wooded land)'은 0.5헥타르 이상의 '산림'으로 분류되지 않는 토지로, 5m 이상의 나무가 있고 이 나무의 임관 피복률이 5~10%이거나, 옮겨심거나 하지 않아도 이 기준에 도달할 수 있거나, 관목, 덤불과 나무를 합친 피복률이 10% 이상인 토지를 말하며, 농업이나 도시에서 주로 이용하는 토지는 제외한다.

(13) '산림 파괴가 없는(deforestation-free)'은 다음을 의미한다.

(a) 2020년 12월 31일 이후 산림 파괴 대상이 아닌 토지에서 생산된 해당 상품을 함유하거나, 해당 상품을 공급받았거나, 해당 상품을 사용하여 제조된 해당 제품

(b) 목재를 포함하거나 목재를 사용하여 만든 해당 제품의 경우, 2020년 12월 31일 이후에 산림 황폐화를 유발하지 않은 산림에서 수확된 제품

(14) '생산(produced)'이란 관련된 토지 구획에서, 가축의 경우 관련 시설에서, 재배, 수확, 획득, 사육된 것을 의미한다.

(15) '오퍼레이터(operator)'란 상업 활동의 일환으로 해당 제품을 출시하거나 수출하는 자연인 또는 법인을 의미한다.

(16) '출시(placing on the market)'는 해당 상품 또는 해당 제품을 연합[83] 시장에 최초로 제공하는 것을 의미한다.

(17) '트레이더(trader)'는 상업 활동 과정에서 해당 제품을 시장에 제공하는 오퍼레이터 이외의 공급망 내 모든 사람을 의미한다.

---

83) Union, 여기서는 유럽연합(European Union)을 의미한다.

(18) '시장에 제공(making available on the market)'이란 상업 활동 과정에서 유상 또는 무상으로 연합 시장에서 유통, 소비 또는 사용하기 위해 해당 제품을 공급하는 것을 의미한다.

(19) '상업 활동 과정에서(in the course of a commercial activity)'란 가공을 목적으로 하거나, 상업적 또는 비상업적 소비자에게 배포하거나, 오퍼레이터 또는 트레이더가 자체 비즈니스에 사용하기 위한 것을 의미한다.

(20) '사람(person)'이란 자연인, 법인 또는 법인은 아니지만 연합 또는 국내법에 따라 법률 행위를 수행할 능력이 있는 것으로 인정되는 사람의 모든 집합체를 의미한다.

(21) '연합에 속한 사람(person established in the Union)'은 다음을 의미한다.

   (c) 자연인의 경우, 연합에 거주하는 모든 사람

   (d) 법인 또는 단체의 경우, 등록된 사무소, 중앙 본부 또는 상설 사업장이 연합에 있는 경우를 의미한다.

(22) '권한 있는 대리인(authorised representative)'이란 제6조에 따라 오퍼레이터 또는 트레이더로부터 본 규정에 따른 오퍼레이터 또는 트레이더의 의무와 관련된 특정 업무를 대리하도록 서면으로 위임받은 연합에 소속된 모든 자연인 또는 법인을 의미한다.

(23) '원산지(country of origin)'는 규정(EU) 제952/2013호 제60조에 언급된 국가 또는 영토를 의미한다.

(24) '생산국(country of production)'은 해당 상품을 생산하거나, 해당 상품을 사용해 해당 제품을 생산하거나, 해당 상품을 포함한 해당 제품을 생산한 국가 또는 지역을 의미한다.

(25) '비준수 제품(non-compliant products)'이란 제3조를 준수하지 않는 해당 제품을 의미한다.

(26) '무시할 수 있는 위험(negligible risk)'이란 해당 상품 및 해당 제품에 적용되는 위험 수준으로, 상품별로 또는 일반적인 정보에 대한 전체 평가와 필요한 경우 적절한 완화 조치를 적용해 해당 상품 또는 제품이 제3조 [a]항 또는 [b]항을 준수하지 않을 우려할 만한 이유가 없는 것으로 판단하는 경우이다.

(27) '토지 구획(plot of land)'은 생산 국가의 법률이 인정하는 단일 부동산 내의 토지를 의미하며, 이 지역에서 생산하는 해당 상품과 관련된 산림 파괴 및 산림 황폐화 위험성을 종합적으로 평가할 만큼 충분히 동질적인 조건을 갖추고 있어야 한다;

(28) '지리 위치(geolocation)'란 적어도 하나의 위도와 하나의 경도 지점에 해당하는 위도와 경도 좌표로 적어도 소수점 이하 여섯 자리 숫자를 사용하여 기술한 토지 구획의 지리적 위치를 의미한다. 가축 이외의 해당 상품 생산에 사용되는 4헥타르 이상의 토지 구획은 토지 둘레를 기술하기 충분한 위도와 경도 지점이 있는 다각형을 사용하여 제공해야 한다.

(29) '시설(establishment)'이란 일시적 또는 영구적으로 가축이 사육되는 모든 건물, 구조물 또는 노천 축산의 경우 모든 환경

또는 장소를 의미한다.

(30) '마이크로, 소규모 및 중소기업(micro, small and medium-sized enterprises)' 또는 '중소기업(SMEs)'은 '유럽 의회와 이사회 지침 2013/34/EU' 제3조[84]에 정의된 마이크로, 소규모 및 중소기업을 의미한다.

(31) '입증된 우려(substantiated concern)'란 본 규정 미준수에 관한 객관적이고 검증할 수 있는 정보에 근거한 정당하고 합리적인 주장을 의미하며, 관할 당국의 개입이 필요할 수 있다.

(32) '관할 당국(competent authorities)'은 제14조 제1항에 따라 지정된 당국을 의미한다.

(33) '세관 당국(customs authorities)'은 규정(EU) 제952/2013호 제5조 (1)항에 정의된 세관 당국을 의미한다;

(34) '관세 영역(customs territory)'은 규정(EU) 제952/2013호 제4조에 정의된 영역을 의미한다.

(35) '제3국(third country)'은 유럽연합의 관세 영역 밖에 있는 국가 또는 지역을 의미한다.

(36) '자유 유통을 위한 출시(release for free circulation)'는 규정(EU) 제952/2013호 제201조에 명시된 절차를 의미한다.

---

84) Directive 2013/34/EU of the European Parliament and of the Council of 26 June 2013 on the annual financial statements, consolidated financial statements and related reports of certain types of undertakings, amending Directive 2006/43/EC of the European Parliament and of the Council and repealing Council Directives 78/660/EEC and 83/349/EEC (OJ L 182, 29.6.2013, p. 19).

(37) '수출(export)'은 규정(EU) 제952/2013호 제269조에 명시된 절차를 의미한다.

(38) '시장에 진입하는 해당 제품(relevant products entering the market)'이란 '자유 유통을 위한 출시' 세관 절차에 따라 배치된 제3국의 해당 제품으로, 유럽연합 시장에 출시할 목적이며 연합의 관세 영역 내에서 사적으로 사용하거나 소비할 목적이 아닌 제품을 의미한다.

(39) '시장에서 나가는 해당 제품(relevant products leaving the market)'는 '수출' 통관 절차를 따르는 해당 제품을 의미한다.

(40) '생산국의 관련 법률(relevant legislation of the country of production)'이란 다음과 같은 생산 지역의 법적 지위에 관해 생산국에서 적용하는 법률을 의미한다.

(a) 토지 사용권:

(b) 환경 보호:

(c) 목재 수확과 직접적으로 관련된 산림 관리 및 생물 다양성 보존을 포함한 산림 관련 규정:

(d) 제3자의 권리

(e) 노동권

(f) 국제법에 따라 보호되는 인권

(g) 유엔 원주민의 권리에 관한 선언에 명시된 내용을 포함하여 자유롭고 사전적이며 정보에 입각한 동의(FPIC) 원칙

(h) 세금, 부패 방지, 무역 및 관세 규정

For the purposes of this Regulation, the following definitions apply:

(1) 'relevant commodities' means cattle, cocoa, coffee, oil palm, rubber, soya and wood;

(2) 'relevant products' means products listed in Annex I that contain, have been fed with or have been made using relevant commodities;

(3) 'deforestation' means the conversion of forest to agricultural use, whether human-induced or not;

(4) 'forest' means land spanning more than 0,5 hectares with trees higher than 5 metres and a canopy cover of more than 10 %, or trees able to reach those thresholds in situ, excluding land that is predominantly under agricultural or urban land use;

(5) 'agricultural use' means the use of land for the purpose of agriculture, including for agricultural plantations and set-aside agricultural areas, and for rearing livestock;

(6) 'agricultural plantation' means land with tree stands in agricultural production systems, such as fruit tree plantations, oil palm plantations, olive orchards and agroforestry systems where crops are grown under tree cover; it includes all plantations of relevant commodities other than wood; agricultural plantations are excluded from the definition of 'forest';

(7) 'forest degradation' means structural changes to forest cover, taking the form of the conversion of:

(a) primary forests or naturally regenerating forests into plantation forests or into other wooded land; or

(b) primary forests into planted forests;

(8) 'primary forest' means naturally regenerated forest of native tree species, where there are no clearly visible indications of human activities and the ecological processes are not significantly disturbed;

(9) 'naturally regenerating forest' means forest predominantly composed of trees established through natural regeneration; it includes any of the following:

(a) forests for which it is not possible to distinguish whether planted or naturally regenerated;

(b) forests with a mix of naturally regenerated native

tree species and planted or seeded trees, and where the naturally regenerated trees are expected to constitute the major part of the growing stock at stand maturity;

(c) coppice from trees originally established through natural regeneration;

(d) naturally regenerated trees of introduced species;

(10) 'planted forest' means forest predominantly composed of trees established through planting and/or deliberate seeding, provided that the planted or seeded trees are expected to constitute more than 50 % of the growing stock at maturity; it includes coppice from trees that were originally planted or seeded;

(11) 'plantation forest' means a planted forest that is intensively managed and meets, at planting and stand maturity, all the following criteria: one or two species, even age class, and regular spacing; it includes short rotation plantations for wood, fibre and energy, and excludes forests planted for protection or ecosystem restoration, as well as forests established through planting or seeding, which at stand maturity resemble or will resemble naturally regenerating forests;

(12) 'other wooded land' means land not classified as 'forest' spanning more than 0,5 hectares, with trees higher than 5 metres and a canopy cover of 5 to 10 %, or trees able to reach those thresholds in situ, or with a combined cover of shrubs, bushes and trees above 10 %, excluding land that is predominantly under agricultural or urban land use;

(13) 'deforestation-free' means:

(a) that the relevant products contain, have been fed with or have been made using, relevant commodities that were produced on land that has not been subject to deforestation after 31 December, 2020; and

(b) in the case of relevant products that contain or have been made using wood, that the wood has been harvested from the forest without inducing forest degradation after 31 December, 2020;

(14) 'produced' means grown, harvested, obtained from or raised on relevant plots of land or, as regards cattle, on establishments;

(15) 'operator' means any natural or legal person who, in the course of a commercial activity, places relevant products on the market or exports them;

(16) 'placing on the market' means the first making available of a relevant commodity or relevant product on the Union market;

(17) 'trader' means any person in the supply chain other than the operator who, in the course of a commercial activity, makes relevant products available on the market;

(18) 'making available on the market' means any supply of a relevant product for distribution, consumption or use on the Union market in the course of a commercial activity, whether in return for payment or free of charge;

(19) 'in the course of a commercial activity' means for the purpose of processing, for distribution to commercial or non-commercial consumers, or for use in the business of the operator or trader itself;

(20) 'person' means a natural person, a legal person or any association of persons which is not a legal person, but which is recognised under Union or national law as having the capacity to perform legal acts;

(21) 'person established in the Union' means:

(a) in the case of a natural person, any person

whoseplace of residence is in the Union;

(b) in the case of a legal person or an association of persons, any person whose registered office, central headquarters or a permanent business establishment is in the Union;

(22) 'authorised representative' means any natural or legal person established in the Union who, in accordance with Article 6, has received a written mandate from an operator or from a trader to act on its behalf in relation to specified tasks with regard to the operator's or the trader's obligations under this Regulation;

(23) 'country of origin' means a country or territory as referred to in Article 60 of Regulation (EU) No 952/2013;

(24) 'country of production' means the country or territory where the relevant commodity or the relevant commodity used in the production of, or contained in, a relevant product was produced;

(25) 'non-compliant products' means relevant products that do not comply with Article 3;

(26) 'negligible risk' means the level of risk that applies to relevant commodities and relevant products, where,

on the basis of a full assessment of product-specific and general information, and, where necessary, of the application of the appropriate mitigation measures, those commodities or products show no cause for concern as being not in compliance with Article 3, point [a] or [b];

(27) 'plot of land' means land within a single real-estate property, as recognised by the law of the country of production, which enjoys sufficiently homogeneous conditions to allow an evaluation of the aggregate level of risk of deforestation and forest degradation associated with relevant commodities produced on that land;

(28) 'geolocation' means the geographical location of a plot of land described by means of latitude and longitude coordinates corresponding to at least one latitude and one longitude point and using at least six decimal digits; for plots of land of more than four hectares used for the production of the relevant commodities other than cattle, this shall be provided using polygons with sufficient latitude and longitude points to describe the perimeter of each plot of land;

(29) 'establishment' means any premises, structure, or, in the case of open-air farming, any environment or place, where livestock are kept, on a temporary or permanent basis;

(30) 'micro, small and medium-sized enterprises' or 'SMEs' means micro, small and medium-sized undertakings as defined in Article 3 of Directive 2013/34/EU of the European Parliament and of the Council;

(31) 'substantiated concern' means a duly reasoned claim based on objective and verifiable information regarding non-compliance with this Regulation and which could require the intervention of competent authorities;

(32) 'competent authorities' means the authorities designated under Article 14(1);

(33) 'customs authorities' means customs authorities as defined in Article 5, point (1), of Regulation (EU) No 952/2013;

(34) 'customs territory' means territory as defined in Article 4 of Regulation (EU) No 952/2013;

(35) 'third country' means a country or territory outside the customs territory of the Union;

(36) 'release for free circulation' means the procedure laid

down in Article 201 of Regulation (EU) No 952/2013;

(37) 'export' means the procedure laid down in Article 269 of Regulation (EU) No 952/2013;

(38) 'relevant products entering the market' means relevant products from third countries placed under the customs procedure 'release for free circulation' that are intended to be placed on the Union market and are not intended for private use or consumption within the customs territory of the Union;

(39) 'relevant products leaving the market' means relevant products placed under the customs procedure 'export';

(40) 'relevant legislation of the country of production' means the laws applicable in the country of production concerning the legal status of the area of production in terms of:

(a) land use rights;

(b) environmental protection;

(c) forest—related rules, including forest management and biodiversity conservation, where directly related to wood harvesting;

(d) third parties' rights;

(e) labour rights;

(f) human rights protected under international law;

(g) the principle of free, prior and informed consent (FPIC), including as set out in the UN Declaration on the Rights of Indigenous Peoples;

(h) tax, anti-corruption, trade and customs regulations.

부록 2. EUDR/산림 파괴 방지 관련 사이트

이 름	특 징
EU Environment environment.ec.europa.eu	EU 환경 정책이 종합적으로 담겨 있는 사이트다. EUDR 관련 사항은 이 사이트 내 'Forest → Deforestation'(environment.ec.europa.eu/topics/forests/deforestation_en)에 있다.
EUR-Lex eur-lex.europa.eu	EU 공식 법률 문서 사이트로, 법률 원문 및 관련 정보를 공개한다. 법률 문서를 온라인으로 보거나 내려받을 수도 있다.
국제산림관리협회(FSC) fsc.org	비영리 국제 NGO 단체다. 자체 기준으로 지속 가능한 산림경영이 시행되는 숲을 인증하고, 산림에서 나온 원재료를 사용한 제품의 제조 및 유통가공 단계에도 인증을 부여한다. 한국 사무소(kr.fsc.org)도 있다.
글로벌 포레스트 워치 (GFW) globalforestwatch.org	전 세계 숲을 거의 실시간으로 감시하고 관련 데이터를 제공한다. 세계자원연구소 주도로, Google, USAID, 메릴랜드대학교 등 여러 학술, 비영리, 공공 및 민간기관이 파트너로 참여하고 있다.
녹색기후기금(GCF) greenclimate.fund	세계 최대 규모 기후 기금이다. 선진국이 기금을 내 개발도상국 기후 위기 대응을 지원한다.
미국 산림청(USFS) fs.usda.gov	미국 농무부 산하 기관으로 미국의 국유림과 국립 초원을 관리한다. 산림 보호 및 복원에 관한 각종 연구와 조사를 시행하고 자료를 공개한다.
산림인증승인프로그램 (PEFC) pefc.org	독립적인 제삼자 인증을 통해 지속 가능한 산림경영을 장려하는 국제 NGO 단체다. 이 단체로부터 인증받은 산림이 현재 전 세계 산림 인증 면적 2/3를 차지한다. FSC와 더불어 양대 산림 인증 시스템이다.
세계자원연구소(WRI) wri.org	식량, 산림, 물, 에너지, 도시, 기후 등 6개 분야에서 지속 가능한 시장, 생태계 보호, 환경 관리 서비스를 제공한다. 사이트 내 'Global Forest Review'에서 산림 관련 정보를 제공한다.
유엔식량농업기구(FAO) fao.org	유엔 소속으로 인류의 영양 상태 및 생활 수준의 향상, 식량의 생산 및 분배 능률 증진을 목적으로 설립되었다. 각종 농산물과 축산물 생산 및 교역 관련 자료와 통계 데이터를 찾을 수 있다.
유엔환경계획(UNEP) www.unep.org	환경에 관한 유엔의 활동을 조정하는 기구다. 기후 변화, 자연 및 생물 다양성 손실, 오염이라는 근본 위기의 원인을 파헤쳐 혁신적인 변화를 주도하는 역할을 한다.

참고 문헌

References

공공기관이나 민간기관 보고서/논문

EU와 다른 나라 법률

EU 공식 웹사이트에 게시된 자료

언론 보도

1. Food and Agriculture Organization of the United Nations. (2020). FRA 2020 Remote Sensing Survey. https://www. fao.org/documents/card/en?details=cb9970en

유엔식량농업기구에서 주관하는 토지 이용에 관한 글로벌 공동 연구다. 2020년 조사는 산림 및 산림 변화에 초점을 맞추고 있다. 가장 일관되고 신뢰할 수 있는 토지 이용 통계를 찾아볼 수 있다.

2. Food and Agriculture Organization of the United Nations. (2020). Global Forest Resource Assessment. https://www. fao.org/documents/card/en/c/ca9825en

유엔식량농업기구에서 펴낸 산림 자원과 그 상태, 관리 및 사용에 관한 포괄적인 평가 보고서다. 1990년부터 2020년까지 산림 자원 현황과 동향을 소개한다.

3. Food and Agriculture Organization of the United Nations.

(2022). The State of the World's Forests 2022. https://www.fao.org/documents/card/en?details=cb9360en

유엔식량농업기구에서 펴낸 보고서로 산림 파괴 중단과 산림 유지, 황폐해진 토지 복원과 농림업 확대, 지속 가능한 산림 이용 및 친환경 가치 사슬 구축이라는 세 가지 경로의 실현 가능성과 가치, 방법 등을 제시한다.

4. Greenpeace. (2006). Eating Up the Amazon. https://www.greenpeace.org/usa/research/eating-up-the-amazon/

환경단체인 그린피스가 아마존 대두 사업을 조사한 결과 보고서이다. ADM, 번지, 카길 등 대형 농산물 업체가 아마존 열대우림 파괴 주범이라고 주장했다.

5. Greenpeace. 10 Years Ago the Amazon Was Being Bulldozed for Soy – Then Everything Changed. www.greenpeace.org/usa/victories/amazon-rainforest-deforestation-soy-moratorium-success/

아마존 대두 모라토리엄 성과를 평가한 문서. 시민사회, 산업계, 정부 간 협력 성과물로 아마존 산림 파괴가 눈에 띄게 감소했다고 평가했다.

6. Heilmayr, R. Rausch, L., Munger, J., & Gibbs, H. K. (2020). Brazil's Amazon Soy Moratorium reduced deforestation. Nature Food. 1, 801-810.

아마존 대두 모라토리엄이 결과적으로 열대 우림 파괴 방지에 이바지했다는 연구 논문이다.

7. S&P Global. (2023 August 31). Global impact of the EU's anti-deforestation law. https://www.spglobal.com/esg/insights/featured/special-editorial/global-impact-of-the-eu-s-anti-deforestation-law

S&P 글로벌은 미국 뉴욕에 본사를 둔 다국적 금융 서비스 기업이다. 이 보고서는 EUDR 적용으로 인한 공급망 변화, 경제적 영향, 향후 방향 등을 다룬다.

1. European Union Commissions. (2003). Communication from the Commission to the Council and the European Parliament − Forest Law Enforcement Governance and Trade (FLEGT) − Proposal for an EU Action Plan.
https://eur−lex.europa.eu/legal−content/EN/TXT/?uri=CELEX:52003DC0251

EU 집행위원회에서 EU 이사회와 EU 의회에 보낸 문서로 불법 벌목 및 관련 무역 증가 문제를 해결하기 위한 절차와 조치를 제안했다.

2. Regulation (EU) No 995/2010 of the European Parliament and of the Council of 20 October 2010 laying down the obligations of operators who place timber and timber products on the market Text with EEA relevance.
https://eur−lex.europa.eu/legal−content/EN/TXT/?uri=CELEX:32010R0995

EU 목재 규정이다. 불법으로 벌채한 목재와 그 목재를 재료로 하는 파생 상품을 EU 시장에서 유통하지 못하게 했다.

3. Regulation (EU) 2023/1115 of the European Parliament and of the Council of 31 May 2023 on the making available on the Union market and the export from the Union of certain commodities and products associated with deforestation and forest degradation and repealing Regulation (EU) No 995/2010.
https://eur-lex.europa.eu/legal-content/EN/TXT/?uri=CELEX%3A32023R1115&qid=1687867231461

'산림 파괴 및 산림 황폐화와 관련된 특정 상품이나 제품의 유럽연합 시장 출시와 유럽연합으로부터의 수출에 관한 규정 그리고 (EU) 995/2010호 폐지에 관한 사항'이다. 통칭 EUDR이라 불린다. EU에서 공포하는 법 중 '규정(Regulation)'은 회원국 정부, EU 시민과 기업에 직접적인 효력을 미치는 법률이다. 공포되면 바로 법적 효력을 가지며, 회원국이 따로 국내법에 편입할 필요가 없다.

4. Directive 2013/34/EU of the European Parliament and of the Council of 26 June 2013 on the annual financial statements, consolidated financial statements and related reports of certain types of undertakings, amending Directive 2006/43/EC of the European Parliament and of the Council and repealing Council Directives 78/660/EEC and 83/349/EEC

   https://eur-lex.europa.eu/eli/dir/2013/34/oj

   EU 기업의 회계 규정에 관한 지시다. 기업 규모에 따라 EUDR 적용 시기 및 의무가 달라지기에 확인이 필요하다. '지시(Directive)'는 회원국을 구속하지만 직접 효력을 갖는다는 명시적인 규정은 없다. 회원국은 지시를 각국의 입법 절차에 따라 국내법에 편입하거나 내용을 국내법으로 옮겨야 한다.

5. Council Regulation (EEC) No 2658/87 of 23 July 1987 on the tariff and statistical nomenclature and on the Common Customs Tariff

   https://eur-lex.europa.eu/legal-content/en/ALL/?uri=CELEX%3A31987R2658

EU 관세 제도에 관한 규정이다. 실사 진술서 수량 표기 시 기준을 제공한다.

6. Proposal for a Directive of the European Parliament and of the Council on Corporate Sustainability Due Diligence and amending Directive (EU) 2019/1937
https://eur-lex.europa.eu/legal-content/EN/TXT/?uri=CELEX%3A52022PC0071

EU에서 공급망 실사를 위한 '지시' 초안이다. 이 지시는 글로벌 가치 사슬 전반에 걸쳐 지속 가능하고 책임감 있는 기업 행동을 촉진하는 것을 목표로 한다. 기업에 아동 노동, 노동자 착취 등 인권과 오염, 생물 다양성 손실 등 환경에 미치는 악영향을 파악하고 필요한 경우 이를 예방, 종식 또는 완화해야 할 의무를 부과한다.

7. S.3371 – FOREST Act of 2023, 118th Congress (2023-2024), and H.R.6515 – FOREST Act of 2023, 118th Congress (2023-2024).
https://www.congress.gov/bill/118th-congress/senate-

bill/3371

https://www.congress.gov/bill/118th-congress/house-bill/6515

미국 산림법 개정안이다. EUDR과 흡사하다. 현재 미국 상원과 하원에 법안이 상정된 상태이다.

EU 공식 웹사이트에 게시된 자료

1. European Commission. (2023. June 29). Green Deal: New law to fight global deforestation and forest degradation driven by EU production and consumption enters into force. https://environment.ec.europa.eu/news/green-deal-new-law-fight-global-deforestation-and-forest-degradation-driven-eu-production-and-2023-06-29_en

EU 집행위원회에서 EUDR 발효를 공식적으로 언론에 발표한 문서다.

2. European Commission, Why and how must operators

collect coordinates? European Commission,
https://green-business.ec.europa.eu/deforestation-
platform-and-other-eudr-implementation-tools/
traceability_en#what-does-plot-of-land-mean

EU 집행위원회에서 운영하는 EUDR 관련 각종 정보, 질의 응
답 등이 담겨 있다.

3. European Commission, EU observatory on deforestation
   and forest degradation.
   https://forest-observatory.ec.europa.eu/

EU에서 운영하는 산림 감시 및 정보 제공 사이트이다.

4. European Commission. (2023, December 9). Global
   Gateway: EU and Member States launch global Team
   Europe Initiative on Deforestation-free Value Chains.
   https://international-partnerships.ec.europa.eu/news-
   and-events/news/global-gateway-eu-and-member-
   states-launch-global-team-europe-initiative-

deforestation-free-value-2023-12-09_en

제28차 UN 기후 변화 협약 당사국 총회(COP28)에서 독일, 네덜란드, 프랑스와 함께 산림 파괴 없는 가치 사슬에 관한 '글로벌 팀 유럽 이니셔티브' 출발을 알리는 공식 뉴스다.

5. European Commission. (2023, December 18). Deforestation-free supply chains: Information System pilot testing begins today.
   https://environment.ec.europa.eu/news/deforestation-free-supply-chains-information-system-pilot-testing-begins-today-2023-12-18_en

EUDR을 위한 정보 시스템 파일럿 테스트를 시작해 1월 말까지 진행한다는 공식 뉴스다.

1. Bond, D.E, Solomon, M, & Saccomannom I. (2023, December 7). US Congress Reintroduces Bill to Restrict Imports Linked to Illegal Deforestation. White & Case. https://www.whitecase.com/insight-alert/us-congress-reintroduces-bill-restrict-imports-linked-illegal-deforestation.

미국 의회에 불법 산림 파괴와 관련된 제품 수입 금지에 관한 법률안이 상정되었다는 보도다.

2. Cowan, C. (2023, September 20). EU deforestation-free rule 'highly challenging' for SE Asia smallholders, experts say. Mongabay. https://news.mongabay.com/2023/09/eu-deforestation-free-rule-highly-challenging-for-se-asia-smallholders-experts-say/

EUDR 적용으로 아시아 소농들이 고통을 받을 가능성을 다룬 기사다.

3. Holger, D. (2023, June 29). U.S. Companies Face EU Deforestation Rules on Coffee, Wood and Other Everyday Goods. Wall Street Journal.

EUDR 적용으로 커피, 목재 등 제품을 생산하는 미국 기업들이 직면한 문제를 다룬 기사다.

4. Savage, S., Bryan, K., Hancock, A., & Pooler, M. (2023, November 13). Food industry calls for more time to implement EU deforestation rules. Financial Times.

식품업계가 EUDR 적용 준비를 위해 시간이 더 필요하다는 내용을 다룬 기사다.

5. Sousa, A. (2024, February 22). Europe's Coffee Traders Urge EU to Delay Deforestation Rules. Bloomberg. https://www.bloomberg.com/news/articles/2024-02-22/europe-s-coffee-traders-urge-eu-to-delay-deforestation-rules

유럽 커피 무역 회사들이 EUDR 적용 연기를 요구했다는 기사다.

6. Turton, S. (2023, November 3). From Cambodia to Thailand, rubber producers brace for new EU rules. Nikkei Asia.

EUDR 적용으로 인해 고무 생산자와 관련 사업이 직면하는 위기를 다룬 기사다.

EUDR

: 산림 파괴 없는 미래를 위한 정책

펴 낸 날   2024년 06월 10일

지 은 이   고승호, 박민규, 남기원
펴 낸 이   이기성
기획편집   서해주, 윤가영, 이지희
표지디자인 서해주
책임마케팅 강보현, 김성욱
펴 낸 곳   도서출판 생각나눔
출판등록   제 2018-000288호
주   소   경기도 고양시 덕양구 청초로 66, 덕은리버워크 B동 1708호, 1709호
전   화   02-325-5100
팩   스   02-325-5101
홈페이지   www.생각나눔.kr
이 메 일   bookmain@think-book.com

• 책값은 표지 뒷면에 표기되어 있습니다.
  ISBN 979-11-7048-720-3 (04520)